AI短视频爆款打造

DeepSeek⊕可灵⊕剪映⊕即梦⊕快影⊕腾讯混元

文涛　林思彤◎编著

化学工业出版社

·北京·

内 容 简 介

本书作为AI短视频创作领域的实用指南，系统、全面地梳理了从创意构思到成片输出的全流程技术。全书以"理论精讲+实操落地"双轨并行的逻辑架构，通过"入门基础+工具解析+场景实战"三大模块，帮助读者快速掌握AI短视频制作的核心技能。

全书共11章，第1章介绍AI短视频创作的零基础入门知识，详细拆解AI短视频创作流程、技术优势与行业挑战，深入浅出地阐述AI在智能剪辑、特效生成、音频优化及数字人应用等关键环节的赋能作用。第2章至第11章重点讲解10款主流工具，形成"创作神器图谱"，每章均包含工具功能解析、操作界面介绍及实战案例，覆盖电商带货、知识科普、娱乐短剧等高频需求场景，帮助读者实现从脚本到成片的全流程闭环，真正做到"学以致用、举一反三"。

本书既适合AI短视频制作新手快速入门，也满足内容创作者、广告营销从业者、影视娱乐团队、教育培训机构及高校相关专业师生的进阶需求，是贯通创意激发、内容生产与商业变现的实战宝典。

图书在版编目（CIP）数据

AI短视频爆款打造 ：DeepSeek+可灵+剪映+即梦+快影+腾讯混元 / 文涛，林思彤编著. -- 北京 ：化学工业出版社，2025. 8. -- ISBN 978-7-122-48751-3

Ⅰ. TN948.4-39

中国国家版本馆CIP数据核字第2025C971J6号

责任编辑：王婷婷　孙　炜　　　　　　　　封面设计：昇一设计
责任校对：刘曦阳　　　　　　　　　　　　装帧设计：盟诺文化

出版发行：化学工业出版社（北京市东城区青年湖南街13号　邮政编码100011）
印　　装：河北尚唐印刷包装有限公司
710mm×1000mm　1/16　印张13½　字数258千字　2025年10月北京第1版第1次印刷

购书咨询：010-64518888　　　　　　　　　售后服务：010-64518899
网　　址：http://www.cip.com.cn
凡购买本书，如有缺损质量问题，本社销售中心负责调换。

定　　价：98.00元

随着数字化浪潮席卷而来，人工智能已经成为内容创作领域的核心驱动力。短视频作为当下最具传播力的内容形式之一，正以前所未有的速度重塑信息传播与表达的方式。本书聚焦于10款前沿AI短视频制作工具，通过理论与实践相结合的方式，为读者解锁从创意构思到成片输出全流程用到的技术，助力创作新手轻松打造爆款短视频。

本书特色

AI驱动，前沿工具引领创作潮流：在数字化迅猛发展的当下，本书精准地捕捉到了AI作为内容创作核心驱动力的趋势，精心甄选出10款前沿AI工具。这些工具均深度融合了先进的人工智能算法，助力读者紧跟时代步伐，迅速掌握核心创作技能。

10款精选AI工具，覆盖全流程创作：本书从10款AI工具出发，构建一个完备的短视频创作生态体系，全面覆盖了创作全流程，从脚本生成到剪辑优化，从创意激发到特效实现，全方位满足短视频创作需求，帮助读者快速掌握核心技能。

62个实操案例，精准对接多元需求：涵盖电商、广告、影视、教育等多个行业，无论是专注内容创作的达人、奋战在营销一线的从业者，还是肩负教育使命的机构，都能在这丰富的案例宝库中觅得适配自身需求的创作解决方案。

590多张图片，轻松掌握本书精髓内容：本书采用了590多张插图，在每一个实操案例中，均配备了详细且条理清晰的操作图解，步骤清晰，讲解深入浅出，让新手创作者轻松跨越技术门槛。

实用性强，全方位助力创作成长：本书提供了从基础操作到高级技巧的全面指导，以专业且系统的指导，精准服务于各类人群，无论是学习AI短视频制作的入门者，还是相关行业的专业从业者，抑或是教育培训机构、高校相关专业等，本书都具有较高的实用价值。

适用人群

（1）学习AI短视频制作的入门者：希望掌握从脚本到成片全流程的技术。

（2）内容创作者与博主（如电商、口播、短剧类）：需要利用高效工具提升内容产出效率与创意。

（3）广告与营销从业者：探索AI短视频在品牌推广、产品营销中的创新应用。

（4）影视与娱乐从业者：利用AI技术实现低成本特效、动漫生成或虚拟场景搭建。

（5）教育和培训机构：开发动态课件、知识科普视频等互动内容。

（6）高校相关专业的教学应用，以及对AI短视频制作感兴趣的读者。

本书由沈阳大学文涛和林思彤共同编写。在编写本书的过程中，我们以科学、严谨的态度，力求精益求精，但疏漏之处在所难免，恳请广大读者批评、指正。这里需要说明的是，AI工具和平台更新频率较高，版本不同，操作界面可能存在差异。读者在实际操作过程中，可以根据当前AI界面灵活学习。

目录

C O N T E N T S

第 1 章

基础入门，初识 AI 短视频创作

如今短视频已席卷全球，成为数字内容领域的宠儿。而AI技术的加入，更是为这一领域注入了强大的活力，掀起了一场创作规则的变革。它打破了专业设备和技术人员的壁垒，让每一个怀揣创意的人都能成为内容创作高手。今天，就让我们一同深入探索AI短视频创作的奇妙世界，感受它带来的无限可能。

1.1 AI短视频创作功能概述

　　AI短视频创作作为数字内容领域的新兴力量，正以其智能化、高效化的特性，引领着内容生产方式的变革。它不仅重塑了传统的创作流程，还为创作者提供了前所未有的便利与创意空间。接下来将介绍AI短视频创作的具体流程、优势及面临的挑战。

1.1.1 AI短视频创作流程

　　在当今数字化浪潮席卷全球的背景下，人工智能技术正以前所未有的速度重塑内容创作的格局。尤其是在短视频领域，AI的深度介入正在彻底改变从创意构思到成片发布的传统生产模式，为创作者带来了一种高效、智能且充满创造力的全新体验。这种全链条的生产体系，不仅提升了创作效率，还为内容注入了更多可能性，推动数字内容创作向更高维度进化。

1. 撰写脚本：创意从灵感到蓝图的飞跃

　　在短视频创作的起始阶段，脚本撰写是整个流程的核心。在传统模式下，创作者需要耗费大量时间和精力去构思故事框架、设计情节发展，甚至逐字推敲台词。然而，AI的介入让这一过程变得前所未有的高效。创作者只需输入核心关键词，例如"夏日海边度假"，并选择一种风格模板，比如"清新浪漫风"，AI便能迅速调用其海量的文本数据和图像视频素材库，生成一个完整的脚本，如图1-1所示。

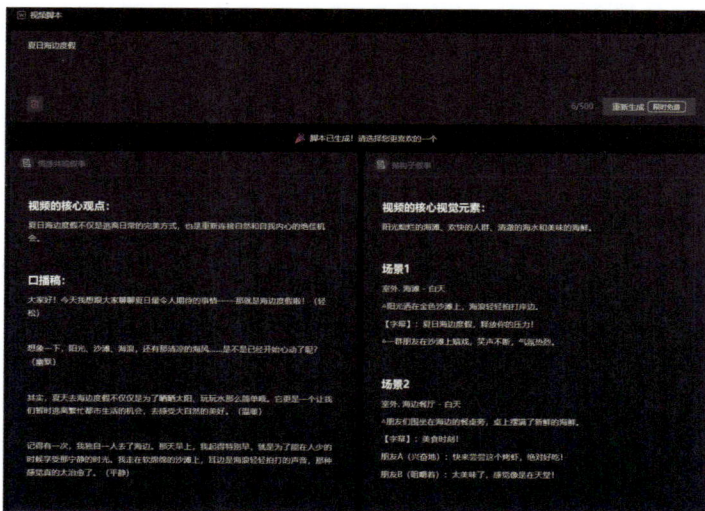

图1-1

这个脚本不仅包含镜头的先后顺序，还细致到每个镜头的时长、景别、角色动作及台词内容。AI通过自然语言处理技术，结合对观众审美和情感需求的深度学习，确保脚本的逻辑性和吸引力。更重要的是，AI能够根据创作者的偏好和目标受众的特点，动态调整脚本的细节，使其更贴合实际需求。这种智能化的脚本生成方式，不仅解放了创作者的精力，还让创意的表达更加精准和高效。

2.分镜设计：从文字到画面的瞬间转化

完成脚本的生成后，进入分镜设计阶段。分镜是将文字描述转化为视觉画面的关键环节，传统方式需要创作者或美术团队花费大量时间绘制草图，反复调整构图和光影效果。而AI的介入让这一过程变得高效且精准。

通过图像识别和生成技术，AI能够快速将脚本中的文字描述转化为直观的分镜画面。例如，对于"主角在海边漫步，海浪轻拍沙滩"的描述，AI不仅能生成符合场景的视觉画面，还能根据脚本要求确定画面的构图、光影效果，以及角色的动作姿态。AI甚至可以根据不同镜头的需求，实时调整画面的细节，确保分镜与脚本高度契合，如图1-2所示。

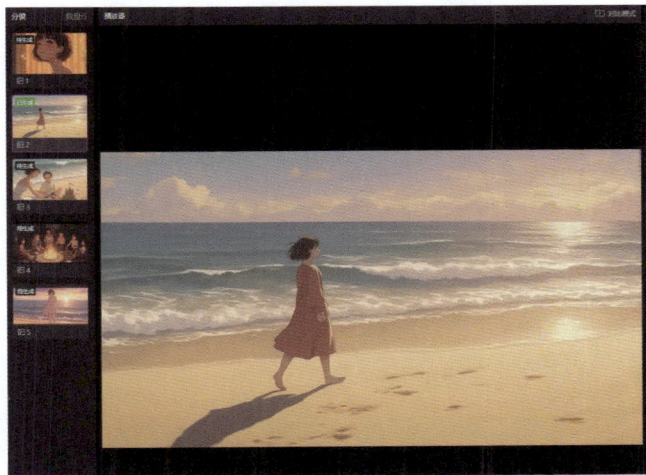

图1-2

更令人惊叹的是，AI的分镜生成并非简单的机械转化，而是基于对海量视觉素材的学习和对人类审美规律的理解，赋予画面更强的表现力和艺术性。这种智能化的分镜设计，不仅节省了时间，还为创作者提供了更多灵感和可能性。

3.素材匹配：从素材库到创意的无缝衔接

在短视频创作中，素材的选择和匹配是决定最终作品质量的重要环节。AI的强大之处在于，它能够在其庞大的素材库中，根据分镜的需求，快速筛选出最合适的图像、视频片段和音乐素材。

无论是壮丽的海景素材，还是轻松愉悦的背景音乐，AI都能通过语义分析和标签匹配技术，精准定位并组合素材。更重要的是，AI能够根据视频的整体风格和主题，智能调整素材的色调、节奏和情感氛围，确保素材与视频内容的完美契合。

AI的素材匹配能力不仅体现在速度上，还体现在对细节的把控上。它能够根据分镜中每个镜头的需求，动态调整素材的细节，比如调整画面的光影效果，或者根据情感氛围选择合适的音乐节奏。这种智能化的素材匹配，让创作者能够专注于创意本身，而无须为素材的选择和调整耗费过多精力，如图1-3所示。

图1-3

4. 后期剪辑：从碎片到完整的艺术升华

后期剪辑是短视频创作的最后一步，也是决定作品最终呈现效果的关键环节。AI在这一阶段展现了其强大的智能化能力。它能够按照脚本和分镜的规划，自动对素材进行剪辑拼接，添加转场效果、字幕及各种特效。

AI的剪辑能力不仅体现在效率上，还体现在对细节的精准把控上。它能够根据视频的节奏和情感氛围，智能调整剪辑的速度和画面的色调，使整个视频更加流畅自然，富有感染力。例如，AI可以通过情感分析技术，判断视频中每个镜头的情感基调，并据此调整画面的色调和剪辑节奏，让观众的情感体验更加沉浸，如图1-4所示。

图 1-4

5. 典型案例：AI 赋能文化表达的创新实践

深圳广电集团的《诗话古今　深 AI 中国》项目便是一个典型案例，通过 AI 技术，该项目将新闻画面转化为统一的漫画风格，并结合图生视频技术，实现了文化符号的创新表达。这一项目不仅验证了 AI 在跨模态内容转化中的高效性，也展示了 AI 在文化传承与创新中的巨大潜力。

在这个项目中，AI 不仅完成了从创意构思到成片发布的全流程任务，还通过智能化的创作方式，为传统文化注入了新的活力。这种技术与文化的深度融合，不仅让观众感受到了传统文化的魅力，也让他们看到了 AI 在内容创作中的无限可能，如图 1-5 所示。

图 1-5

1.1.2 AI创作短视频的优势

AI创作短视频的高效性、便捷性及创意激发能力，使其成为数字内容创作领域的强大工具。它不仅改变了创作者的工作方式，还为整个行业带来了新的可能性。接下来详细探讨AI创作短视频的三大核心优势。

1. 高效性

AI创作短视频的高效性，在整个创作流程中体现得淋漓尽致。以广告视频制作为例，在传统创作模式下，从前期策划、撰写脚本，到中期拍摄、后期剪辑，往往需要耗费大量时间。除此之外，在拍摄过程中，一旦遇到天气变化、场地问题或者演员档期冲突等意外情况，还会进一步延长制作时间。

而借助AI短视频创作工具，情况就大不一样了。创作者输入详细的广告需求，如产品特点、目标受众、想要传达的核心信息等，AI便能迅速生成脚本和广告所需的素材，整个素材生成过程可能只需几小时。在剪辑合成阶段，AI辅助剪辑工具依据预设的风格和节奏，自动完成剪辑、添加特效、字幕生成、配乐等工作，短短半天时间就能完成一个初步的广告视频。经过创作者简单审核和微调后，就可以交付使用。这种高效性，不仅能让创作者快速响应市场需求，还能极大地节省时间成本，让创作者有更多精力投入到其他创作项目中。

2. 降低创作门槛

在AI短视频创作工具出现之前，制作高质量的短视频，往往需要创作者具备专业的技能和较为昂贵的设备。从熟练掌握摄影摄像技术，了解不同镜头的运用、光线的把控，到精通视频剪辑软件，如Adobe Premiere、Final Cut Pro等，还需要配备专业的摄像机、镜头、三脚架、灯光设备等。这对许多没有经过专业学习和培训的普通人来说，无疑是一道难以跨越的门槛。

如今，AI短视频创作工具的出现，彻底改变了这一局面。即使是毫无视频制作经验的零基础小白，也能轻松上手。创作者只需将自己准备制作的视频内容用简单的文字描述出来，AI创作工具就可以根据这些文本内容，自动匹配相应的画面素材，添加合适的转场效果、字幕及轻松欢快的背景音乐。最终，一个生动有趣的短视频就制作完成了，AI短视频创作工具极大地降低了创作门槛，如图1-6所示。

3. 创意激发

在短视频创作领域，创意是吸引观众的核心要素，然而，创作者常常会陷入思维定式，难以突破传统的创作模式，寻找新的创意灵感。而AI短视频创作工具就像是一位创意无限的灵感源泉，能够帮助创作者打破这种思维局限。

AI通过对海量的视频数据、热门话题、用户喜好等信息进行深度学习和分析，能够为创作者提供丰富多样的创意灵感。比如，当创作者想要制作一个关于旅游的短视频时，AI可以根据当前的流行趋势，结合不同地区的特色文化和旅游热点，生成一些新颖独特的创意点子。比如，以"城市微旅行，发现身边的小众宝藏景点"为主题，通过独特的拍摄视角，如无人机低空飞行拍摄城市小巷的独特建筑、利用微距镜头捕捉街头巷尾的特色小吃等，展示城市不为人知的一面。

图 1-6

4. 跨领域融合

AI短视频创作打破了传统短视频创作在影视领域知识和技能方面的限制，实现跨领域融合。在教育领域，教师可以利用AI将复杂的知识点转化为生动形象的短视频，如通过AI生成化学实验的3D动画演示短视频辅助教学，把抽象的知识具象化，这需要结合教育教学知识和AI创作能力；在医疗领域，医生可以借助AI制作疾病科普短视频，融合医学专业知识与AI短视频创作技巧，将疾病原理、预防方法等内容以通俗易懂的短视频形式呈现给大众。这种跨领域融合为不同行业提供了新的内容传播方式，拓展了短视频的应用边界。

1.1.3　AI短视频创作面临的挑战

AI短视频创作虽然发展迅速且前景广阔，但也面临着诸多技术瓶颈与伦理风险。下面具体分析其面临的挑战。

1. 算力局限

当前主流的AI视频生成工具在算力方面存在明显限制。以OpenAI推出的Sora为例，尽管其能够生成长达60秒的视频，但在实际使用中仍暴露出生成效率较低的问题。生成的视频往往需要依赖专业的后期优化才能达到理想的效果，这意味着在生成视频后，还需投入大量的时间和人力进行进一步处理。此外，高质量视频生成对计算资源的需求极高，尤其是在生成高分辨率、时长较长的视频时，模型需要进行复杂的计算和推理，对硬件设备的性能要求极高，这进一步限制了技术的广泛应用。

2. 文化差异

文化适配算法在AI短视频创作中是一个难题。不同地区和文化之间存在丰富的手势符号、语言习惯和文化内涵，而目前的AI算法在识别和理解这些文化元素时仍存在误差。例如，AI可能无法准确捕捉某些文化背景下的隐喻或象征意义，导致生成的内容与目标受众的文化背景不匹配。

3. 内容真实性

内容真实性是AI短视频创作面临的更为深远的挑战。随着AI生成内容的日益逼真和难以分辨，人们对内容真实性的担忧也与日俱增。虚假信息、深度伪造等问题可能会借助AI短视频广泛传播，对社会舆论、个人声誉等造成严重影响。为了解决这一问题，全球视频审核联盟已要求AI生成内容嵌入数字水印，以便在需要时能够追踪和验证内容的来源和真实性。技术伦理委员会也在积极建立虚拟形象情感表达评估体系，旨在规范AI生成内容的情感表达和行为逻辑，防止其被滥用。

4. 版权问题

在使用AI短视频制作工具时，素材的版权问题一定要格外注意。虽然很多工具提供了丰富的素材库，但其中部分素材可能存在版权限制。如果使用了无版权或未经授权的素材，一旦被版权方追究，就可能面临侵权风险，导致视频被下架、经济赔偿等严重后果，如图1-7所示。

因此，在选择素材时，尽量使用工具中明确标注为无版权或已获授权的素材，或者自行准备拥有版权的素材，从源头上避免版权纠纷。比如，自己拍摄一些照片、视频作为素材，也可以购买正版的音乐、音效素材，确保视频内容的合法性。

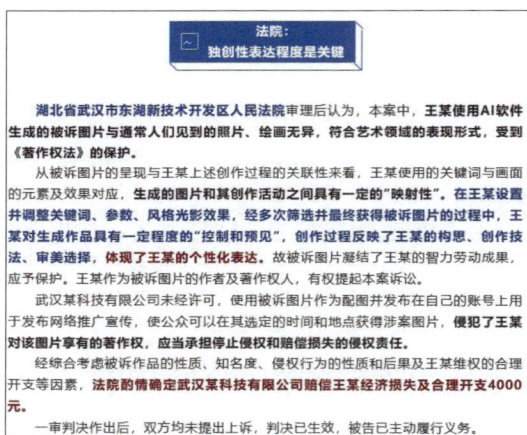

图1-7

5. 隐私安全

当使用AI短视频制作工具时，往往需要上传一些个人数据，如照片、视频素材、文字描述等。这些数据在传输和存储过程中，可能存在隐私泄露的风险。有些不良平台可能会将用户数据用于其他商业目的，或者因为安全措施不到位，导致数据被黑客窃取。因此，在选择工具时，一定要关注其隐私政策，选择那些注重用户隐私保护、采取了严格数据加密和安全措施的工具。同时，也要注意不要在工具中上传过于敏感的个人信息，保护好自己的隐私安全。比如，仔细阅读隐私条款，了解平台对用户数据的使用方式和保护措施，如果发现隐私政策存在不合理之处，或者平台有隐私泄露的不良记录，就要谨慎使用该工具。

1.2　未来已来：AI如何助力短视频创作

AI技术的发展，为短视频创作带来了新的可能，正重塑着短视频创作的格局。从智能成片到AI数字人，一系列AI技术在短视频创作中的应用，不仅提升了创作效率，还为创作者们打开了创意的新大门，让短视频创作进入了一个全新的时代。

1.2.1　智能成片

传统的短视频制作，从策划、拍摄到剪辑、后期处理，每一个环节都需要投入大量的时间和精力。以一个简单的产品推广短视频为例，策划阶段需要确定视频主题、目标受众、核心卖点，撰写详细的脚本；拍摄时要准备设备、寻找合适的场地、安排演员，确保光线、画面构图等符合要求；剪辑过程更是烦琐，要筛选素材、剪辑片段、添加转场效果、配上合适的音乐和字幕，稍有不满意就得重新调整。这一套流程下来，没有几天时间根本完不成。

而现在，智能成片工具的出现，彻底改变了这一局面。如剪映、快影等，它们利用先进的AI算法和深度学习技术，能够快速分析用户输入的素材和指令，自动完成视频的剪辑、拼接、配乐、字幕添加等一系列操作，实现一键成片，如图1-8所示。

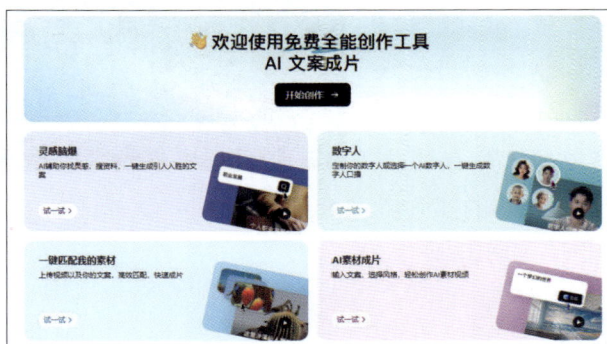

图1-8

1.2.2　智能生成

在短视频创作中，创意是核心，但灵感并非总是源源不断的。AI智能生成技术的出现，就像是一位随时待命的创意伙伴，为创作者提供了无限的创意灵感，让创意不再成为创作的阻碍。

在实际应用中，智能生成技术的优势十分明显。对电商从业者来说，在推广新产品时，以往需要花费大量时间和成本拍摄产品视频，而现在只需将产品的特点、功能、使用方法等用文字描述清楚，AI就能快速生成产品展示视频，大大节省了时间和成本。自媒体创作者在制作科普类短视频时，也无须四处寻找相关的图片和视频素材，只需输入科普内容的文字大纲，AI就能生成相应的视频，将复杂的知识以生动有趣的形式呈现给观众。

1.2.3　智能剪辑

在短视频创作流程中，剪辑是最为关键的一环，它就像一场精心编排的交响乐，需要创作者巧妙地将各种素材融合在一起，打造出和谐、流畅且富有感染力的作品。传统的剪辑方式依赖人工手动操作，剪辑师需要逐帧查看素材，凭借自己的经验和审美来选择合适的片段，调整剪辑点，添加转场效果等。这个过程不仅耗时费力，而且对剪辑师的专业技能要求极高。

而AI智能剪辑技术的出现，极大地改变了这一现状。以剪映为例，它充分利用了AI智能剪辑技术，为创作者提供了丰富多样的剪辑功能。在实际操作中，创作者只需将拍摄好的素材导入剪映专业版，AI系统便会迅速对素材进行分析处理。它能够自动识别出素材中的精彩片段，将那些人物表情生动、动作精彩、场景独特的部分精准地挑选出来，如图1-9所示。

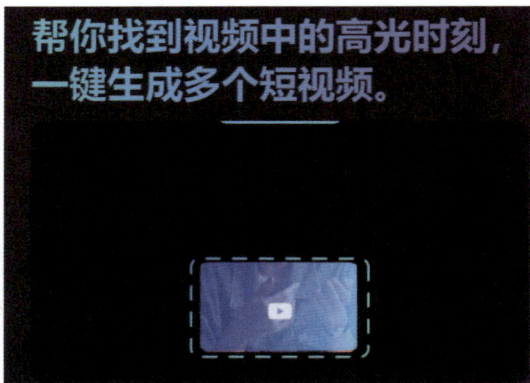

图1-9

1.2.4　智能音频

在短视频的精彩世界里，音频能够营造氛围、传递情感，让观众更深入地沉浸其中。然而，传统的音频制作过程充满了挑战，需要创作者具备专业的音乐知识和技能，还需要投入大量的时间和精力去挑选合适的音乐素材，进行精细的音频剪辑和混音处理。

随着 AI 技术的飞速发展，智能音频生成工具应运而生，为短视频创作者们带来了前所未有的便利。以剪映为例，当用户输入文本提示时，它会首先对文本进行分析，了解其中的情感、主题和风格要求。如果用户输入"一段欢快的、充满活力的背景音乐，用于户外探险短视频"，剪映会在其音乐知识图谱中搜索与之匹配的音乐元素和风格模板。然后，利用这些信息，生成一段全新的、符合用户需求的音频片段。如图 1-10 所示为"AI 音乐"界面。

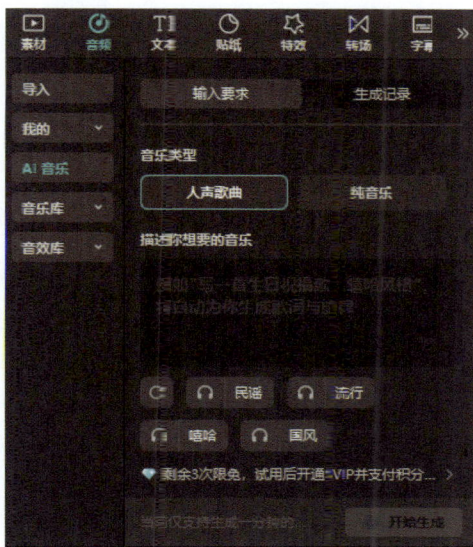

图 1-10

1.2.5　AI数字人

AI数字人，又称为人工智能虚拟形象或数字人类，是基于先进的人工智能技术、计算机图形学、自然语言处理、机器学习及深度学习等多领域的交叉融合而创建的，具有高度逼真的外观、智能交互能力及一定情感表达能力的数字化存在，如图1-11所示。

在短视频创作中，AI数字人有着广泛的应用方式。一些创作者利用AI数字人作为虚拟主播，进行内容播报和讲解。比如，在知识科普类短视频中，AI数字人主播能够快速、准确地传达百科知识，通过生动的形象和简洁明了的语言，为观众讲解复杂的科学知识、历史文化等内容，让

图 1-11

观众在短时间内获取丰富的信息，极大地提高了知识传播的效率和趣味性。

1.3　软件指南：AI短视频创作神器集锦

AI的介入，彻底改变了短视频创作的流程。以往，创作者需要花费大量时间和精力进行素材收集、脚本撰写、剪辑制作等工作，而现在，借助AI软件，这些烦琐的步骤变得更加高效和智能。下面简单介绍部分AI软件。

1.3.1　大语言模型软件

在脚本撰写方面，AI语言模型成了创作者的得力助手。只需输入简单的主题和要求，AI就能迅速生成内容丰富、逻辑清晰的脚本大纲。创作者可以在AI生成的脚本的基础上进行修改和完善，大大节省了创作时间和精力。下面是一些AI大语言模型软件推荐。

1. DeepSeek

DeepSeek是一款功能强大的AI工具，它在处理中文文本和理解文化元素方面展现出了卓越的能力。对于那些致力于创作具有深厚文化底蕴短视频的创作者来说，DeepSeek是一个不可多得的助手。在文案创作过程中，DeepSeek创作的文案不仅内容丰富，而且充满文化魅力，极大地提升了作品的吸引力和深度。

2. 豆包

豆包是一款创新多元的AI创作平台，其在融合本土文化元素与多模态表达方面展现出了独特优势。对于专注于打造传统与现代交融风格短视频的内容创作者而言，豆包不仅能精准捕捉民俗符号与时代热点，还能通过生动的视听化叙事框架，使作品既保留文化根脉，又焕发新鲜活力，显著增强了内容的情感共鸣与传播穿透力。

3. 文心一言

文心一言则是百度推出的一款强大的大语言模型，它对中文语境有着深刻的理解，尤其是在涉及中国文化与历史题材时表现突出。对于那些希望创作具有中国特色短视频的创作者来说，文心一言是一个绝佳的选择。在文案创作中，文心一言能够巧妙地运用古诗词、成语、典故等元素，为文案增添浓厚的文化底蕴。

1.3.2　AI绘画软件

在素材生成环节，AI绘画和图像生成技术展现出了惊人的创造力。创作者只需输入一段文字描述，AI就能根据描述生成逼真的图像、场景甚至角色形象。生成的这些素材不仅具有独特的艺术风格，还能满足创作者各种奇妙的需求，为短视频增添更多的视觉冲击力。下面推荐一些AI绘画软件。

1. Midjourney

Midjourney是一款基于深度学习技术的AI绘画工具，能够将自然语言描述快速转化为精美的图像，尤其是在细节处理和风格多样性上表现出色，用户还能通过调整各种参数，如画面的色调、光影效果、物体的材质质感等，对生成的图像进行深度定制。而且，Midjourney在艺术风格的融合上也独具特色，能够将不同的艺术元素巧妙地结合在一起，创造出独一无二的视觉效果，为创作者提供了广阔的创意发挥空间。

2. Stable Diffusion

Stable Diffusion是一款开源的图像生成AI系统，基于Transformer模型架构，在AI绘画领域有着举足轻重的地位。它最大的亮点在于强大的图像生成能力，能够根据文本描述生成高分辨率、细节丰富的图像。它还支持高分辨率图像的生成，最高可达4K甚至更高，满足了对图像质量有高要求的用户，无论是用于商业插画、海报设计还是艺术创作，都能轻松胜任。而且，由于其开源的特性，开发者和爱好者可以自由地对其进行二次开发和定制，根据自己的需求调整模型，添加新的功能。用户还可以通过调整各种参数，如生成步数、采样方法、提示词的权重等，精确地控制生成图像的风格、内容和细节，实现自己独特的创意构想。

3. 即梦AI

即梦AI是字节跳动推出的一站式AI创作平台，一亮相便凭借丰富的功能和出色的性能吸引了众多创作者的目光。它支持图片生成和视频生成，无论是从无到有的文字生图、生视频，还是基于已有图片进行二次创作生成视频，都能轻松驾驭。即梦AI基于生成对抗网络（GAN）和变分自编码器（VAE）等先进的技术打造，生成的图像和视频质量颇高，细节丰富，画面流畅。在操作上，它的界面设计简洁直观，即使是没有任何专业创作经验的新手，也能快速上手。

4. 可灵AI

可灵AI是快手推出的AI创作工具，专为零基础用户设计，用户只需在界面中输入简洁明了的提示词，调整一些基本的参数，就能快速得到生成的图像，大大提高了创作效率，适用于广告、市场营销等多种场景。

5. 通义万相

通义万相是阿里云推出的AI绘画大模型，在技术上有着显著的优势。它对文本的理解能力十分强大，能够精准地捕捉文本中的关键信息和情感表达，并将其转化为生动、形象的图像。通义万相支持文生图、图生图等多种创作方式，能够生成具有高度真实感和精细度的图像，满足不同用户的需求。

1.3.3 AI短视频剪辑软件

在剪辑合成阶段，AI短视频剪辑软件更是让创作变得轻松快捷。它能够自动识别视频素材中的精彩片段，根据预设的规则和算法进行智能拼接，还能一键添加各种特效、转场和配乐，让视频瞬间变得生动起来。同时，AI可以根据创作者的提示语或者参考图生成视频，为创作者节省了大量的时间和精力。另外，它还支持语音识别和字幕自动生成，大大提高了视频制作的效率和质量。

以下是关于剪映专业版、即梦AI、即创、可灵AI、快影、海螺AI、通义万相、讯飞绘镜、腾讯混元AI视频等AI短视频功能的简要介绍。

1. 剪映专业版

剪映的大名，想必大家都如雷贯耳，它堪称短视频制作领域的"国民软件"，知名度极高，深受广大用户喜爱。它的基本剪辑功能十分全面，如裁剪、拼接、调速这些操作都不在话下，就算是毫无剪辑经验的小白，也能轻松上手。它还紧跟AI潮流，推出了一系列特色AI功能，比如AI数字人、AI作图、AI视频生成、智能字幕等功能，支持将文本转化为数字人播报视频，并具备自动字幕生成和智能包装能力，适合快速制作短视频。

2. 即梦AI

即梦AI的核心功能包括图片生成、智能画布、视频生成及故事创作。其中，图文生视频功能是其一大亮点，能让用户通过输入文字描述或上传图片，快速生成精美的视频内容，让创意得以轻松实现。它还支持智能对口型，让生成的视频人物口型与音频完美匹配，看起来更加自然流畅。即梦AI尤其擅长3D卡通风格和动态运镜控制，适合将静态的图片转化为动态的视频，满足短视频创作需求。

3. 即创

即创是抖音推出的一站式电商智能创作平台，它提供AI视频创作、图文创作和直播创作三大功能，涵盖了电商创作的各个环节。在AI视频创作方面，它不仅能根据用户输入的商品信息和创意描述，快速生成吸引人的短视频，还具备智能计算成本功能，帮助创作者合理控制创作成本。同时，即创还支持AI视频脚本生成，为创作者提供创作思路和框架，让创作变得更加高效。此外，它的商品卡工具可以帮助创作者优化商品展示，提升商品的吸引力和转化率。对于想要进行图文带货或视频带货的电商创作者来说，即创无疑是一款必不可少的神器。

4. 可灵AI

可灵AI是快手推出的AI创作工具，在动态效果和高清修复方面表现出色。可灵AI支持图文生视频，用户只需输入一段文字描述，或者上传一张图片，它就能基于快手强大的AI算法，生成5秒的精彩视频，并且能够精准理解描述词的意思，将用户的创意生动地呈现出来。它还具备智能对口型功能，让视频中的人物说话更加自然。另外，可灵AI还支持设置首尾帧，用户可以根据自己的需求，为视频添加独特的开头和结尾，使视频更加完整。

5. 快影

快影是快手旗下的短视频编辑工具，拥有多轨道编辑功能，用户可以在多个轨道上同时对视频、音频、字幕等进行编辑，实现更加复杂的视频效果，满足专业用户对于视频精细处理的需求。它还支持高清输出，确保生成的视频画质清晰，给观众带来更好的观看体验。此外，快影内置了多种AI特效模板，用户只需一键点击，就能为视频添加炫酷的特效，让视频瞬间变得高大上。无论是制作专业的商业宣传视频，还是充满创意的个人短视频，快影都能凭借其强大的功能，帮助用户生成具有专业效果的视频作品。

6. 海螺AI

海螺AI专注于表情捕捉和视频生成，适合制作具有自然表情的短视频，它支持图文生视频功能，用户输入文字或上传图片，就能快速生成6秒的短视频。虽然视频时长较短，但海螺AI通过独特的算法和丰富的素材库，确保生成的短视频能够在短时间内抓住观众的眼球，传递出核心信息。对于那些追求短平快、希望在短时间内吸引观众注意力的创作者来说，海螺AI是一个不错的选择。

7. 通义万相

通义万相是阿里云的AI视频生成平台，同样支持图文生视频，用户输入文字提示或者上传图片后，它能快速生成相应的视频，并且还会自动适配与视频内容相符的音效，为用户打造全方位的视听体验。凭借出色的图文生视频能力和自动适配音效功能，通义万相为用户提供了便捷、高效的视频创作体验，让用户能够轻松将创意转化为精彩的视频。

8. 讯飞绘镜

讯飞绘镜依托科大讯飞在人工智能领域的深厚技术积累，在语音识别和合成方面表现出色。它能够将输入的文本快速转换为自然流畅的语音，并精准地匹配到视频中，让视频的解说更加生动、专业。同时，讯飞绘镜还支持根据用户输入的文字内容，智能生成与之相关的视频画面，实现图文与语音的完美融合。

9. 腾讯混元AI视频

腾讯混元AI视频背靠腾讯这棵"大树"，拥有强大的技术支持和丰富的资源，它提供了文生视频、图生视频、对口型及动作驱动等功能，适合快速制作高质量短视频内容。腾讯混元AI视频具备超强的真实质感，生成的视频光影、质感和色彩都非常逼真，让观众仿佛身临其境。它在语义理解方面也表现出色，能够准确理解用户输入的复杂指令，将各种关键词和动作、场景等要素完美融合，生成逻辑连贯、内容丰富的视频。

第 2 章

DeepSeek: 创意脚本助力
短视频制作

在这个信息飞速传播的时代，短视频霸占着人们的碎片化时间，已然成为大众瞩目的焦点。但想从浩如烟海的短视频中崭露头角，绝非易事。DeepSeek依托强大的智能算法，精准捕捉当下潮流热点，为创作者的脚本源源不断地输送新奇的灵感。初涉短视频领域的新人，能依循它的指引搭建扎实的脚本根基；经验丰富的行家，也可借由它突破既有框架，探寻全新的创意维度。

2.1 认识DeepSeek

DeepSeek是杭州深度求索人工智能基础技术研究有限公司推出的AI产品及技术统称，由幻方量化公司于2023年7月成立。它专注于开发先进的大语言模型，通过一系列创新技术打造强大的AI能力。2024年1月，DeepSeek发布首个大模型DeepSeek LLM，后续不断迭代。相比于其他AI智能工具，DeepSeek优势显著，并且在多个领域都被广泛应用，为用户带来了高效的智能体验。

2.1.1 DeepSeek的功能介绍

DeepSeek的核心功能围绕大模型技术展开，覆盖多模态交互、复杂的任务处理及行业垂直应用，以下是对其功能的详细介绍。

1. 混合专家（MoE）架构与动态路由机制

DeepSeek采用混合专家（MoE）架构，通过动态路由机制激活特定领域专家模块（如数学、代码、医疗），显著提升推理效率。例如，DeepSeek-R1模型包含6710亿参数，但每次推理仅激活370亿参数，计算成本较传统模型降低40%，该架构通过精细的专家分割和共享专家隔离，实现了在低资源消耗下处理复杂任务的能力。

2. 强化学习与长上下文处理能力

DeepSeek通过大规模强化学习（如GRPO算法）优化推理能力，支持128K tokens长上下文窗口，可处理法律合同、学术论文等超长文本。其模型在数学推理、代码生成等任务中表现突出，例如在HumanEval基准测试中，DeepSeek-Coder的70亿参数模型性能媲美CodeLlama 340亿参数版本。

3. 多模态融合与跨领域生成

DeepSeek支持文本、图像、语音联合理解与生成。例如，输入"咖啡馆场景"可自动生成咖啡研磨声、顾客交谈声的立体混音，并结合视觉描述生成场景图。其多模态框架Janus通过分离视觉编码路径，提升了图像解析和结果优化能力。此外，模型支持多语言处理，包括中、英、日、韩主流语言互译及方言识别（如粤语、四川话）。

4. 垂直领域解决方案与行业应用

在金融领域，DeepSeek提供智能风控和自动化报告功能，通过分析千万级交易数据识别异常模式。在医疗领域，其影像诊断和辅助诊断功能可识别肺部结节、脑出血；在制造业中，其预测性维护和质量检测功能可通过传感器数据预测设备故障。

5. 开发者支持与开源生态

DeepSeek开源了DeepSeek-MoE-16B、DeepSeek-Coder等模型，支持MIT协议二次开发。例如，70亿参数的DeepSeek-Coder已被用于优化GitHub代码生成工具。同时，提供标准化API接口和私有化部署，支持企业集成至客服系统、内部知识库。

6. 成本效益与国产化适配

DeepSeek-V3训练成本仅558万美元，为GPT-4的1/100，推理速度提升40%。模型完成海光DCU芯片适配，支持政务云、企业私有云本地化部署，保障数据安全。2025年2月，DeepSeek App登顶140个国家App Store下载榜，日活用户超3000万，成为史上增长最快的AI应用，推动AI技术在金融、医疗、制造等领域的规模化落地。

2.1.2　登录DeepSeek

下面介绍登录DeepSeek的详细操作步骤。

（1）打开DeepSeek官网，单击页面中的"开始对话"按钮，如图2-1所示。

图2-1

（2）一共有3种登录方式，分别是密码登录、验证码登录及微信扫码登录。如果已经注册过DeepSeek账号，则可以直接在"密码登录"界面输入手机号或者邮箱地址，再输入密码，然后单击"登录"按钮，即可登录DeepSeek，如图2-2所示；如果还未注册DeepSeek账号，可以单击右下角的"立即注册"按钮，进入"注册"界面，输入手机号后，输入两次设定的密码，接着单击"发送验证码"按钮，输入手机收到的验证码，最后单击"注册"按钮即可，如图2-3所示。

图 2-2

图 2-3

（3）选择验证码登录方式，直接输入手机号，然后单击"发送验证码"按钮，再输入手机收到的验证码，接着单击"登录"按钮，即可登录DeepSeek，如果是未注册的手机号将自动注册，如图2-4所示；选择微信扫码登录方式，直接打开微信App扫描二维码即可登录DeepSeek，如果是未注册的微信号将自动注册，但需要继续绑定手机号才可登录使用DeepSeek，如图2-5所示。

图 2-4

图 2-5

（4）完成注册后，登录账号并自动跳转至DeepSeek使用界面，如图2-6所示。

图 2-6

2.1.3　DeepSeek的基础页面介绍

下面将对DeepSeek的基础页面进行详细介绍，共分为3部分：输入框、侧边栏和结果导向，如图2-7所示。

图 2-7

1. 输入框

输入框用于输入向DeepSeek提问的内容，如图2-8所示。

图 2-8

深度思考 (R1)　：点亮该按钮即可使用DeepSeek的深度思考功能，可对复杂的问题进行多步骤推理，通过展示思维链剖析逻辑本质。

联网搜索　：点亮该按钮即可使用DeepSeek的联网搜索功能，通过实时访问互联网资源，整合最新数据与知识库，提供精准、全面的信息支持。

：单击该按钮即可上传附件，DeepSeek支持各类文档和图片。注意：该功能仅识别文字，最多上传50个文件，每个文件100MB。另外，联网搜索功能不支持上传文件。

：在输入框中输入问题后，单击该按钮即可使用提问功能。

2. 侧边栏

单击侧边栏中的按钮可快速使用DeepSeek的一些功能，如图2-9和图2-10所示。

：单击该按钮即可打开侧边栏。

⟳：单击该按钮即可开启新对话。

• ：单击该按钮即可扫码下载DeepSeek App。

⊛ **系统设置**：单击该按钮会出现系统设置选项，可以对DeepSeek的功能进行设置。

⊿ **联系我们**：单击该按钮可以联系DeepSeek的支持人员。

⤷ **退出登录**：单击该按钮可以退出DeepSeek的账号登录。

3. 结果导向

当DeepSeek根据提问生成了回复后，可能需要将这些成果保存下来或者分享给他人。DeepSeek提供了便捷的结果导出功能，方便在不同的场景下使用，如图2-11所示。

图2-9　　　　图2-10

▭：单击该按钮即可一键复制所有内容。

⟲：单击该按钮，DeepSeek便会重新生成问题的答案。如果对答案不满意，可以让DeepSeek反复生成。

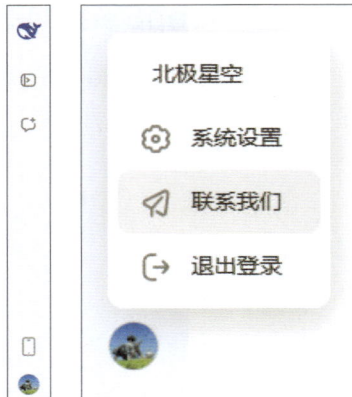

图2-11

👍：如果用户对生成的内容满意，可以单击该按钮表示喜欢，向DeepSeek提供反馈，便于官方收集信息对DeepSeek的回答进行优化。

👎：如果用户对生成的内容感到不满，可以单击该按钮表示不喜欢，向DeepSeek提供反馈，便于官方收集信息对DeepSeek的回答进行优化。

2.2　使用DeepSeek生成视频脚本

在当今内容创作快节奏的赛道上，视频脚本的创作常让创作者们犯难。从选题方向到情节编排，从镜头设计到台词撰写，每个环节都需耗费大量时间与精力。DeepSeek能帮助用户精挑细选最新热门事件，然后依据用户输入的关键信息，瞬间生成详尽的脚本，细致地涵盖镜头景别、画面内容和台词旁白等要素，极大地提高创作效率，让创意表达更流畅，帮助用户在视频创作领域抢占先机。

2.2.1　制定热门选题方向

在短视频创作领域，热门选题是吸引流量的敲门砖。DeepSeek能洞察受众喜好，借助强大的数据分析与智能推荐，挖掘新奇且契合大众兴趣的选题方向，助力创作者的作品脱颖而出。

1. 提问技巧

在使用DeepSeek制定视频热门选题方向时，提问技巧至关重要。精准的提问能引导DeepSeek更准确地挖掘用户的需求和兴趣点，帮助用户从海量数据中筛选出有价值的信息，进而生成更具针对性、吸引力和话题性的热门选题，提高视频成功的概率，具体技巧如表2-1所示。

表 2-1

要素类型	示例内容
精准定位	明确自己的身份，以及视频面向的目标受众。例如"我是一名专注于科技领域的博主，想要为20～35岁的科技爱好者制作视频，分析当下热门的人工智能技术趋势，有哪些选题方向可供选择"，通过这样的提问，让DeepSeek从特定的角色和受众角度出发，生成更具针对性的选题方向
任务目标	清晰阐述需要完成的任务，如"挖掘适合在抖音平台发布的美妆类热门选题""为美食短视频创作一系列以健康饮食为主题的选题方向"等，使DeepSeek清楚要达成的具体目标，避免生成无关内容
细化要求	设定具体的限制条件或期望包含的内容，如规定视频的风格、时长、要突出的元素等。比如"创作一个3分钟以内、风格幽默风趣的宠物主题短视频选题方向，要包含宠物的搞笑行为和主人的互动"
反向刺激	通过提出问题的反面或异常情况，打破思维定式，促使DeepSeek从不同的角度思考。例如，在做美食短视频选题时，不直接问"常见的美食制作选题有哪些"，而是问"有哪些不常见但可能受欢迎的美食制作选题，能打破传统的烹任方式或食材搭配"
深度思考	在提问中加入更深层次的要求，引导DeepSeek生成更具深度和思考性的内容。比如"请分析当前教育类短视频的热门选题趋势，并从教育理念和社会需求的角度，探讨未来可能出现的创新选题方向，同时进行三轮自我反驳，以完善答案"
格式要求	确定想要的结果呈现形式，如分点阐述、表格、思维导图等。例如，要求"以分点阐述的方式呈现关于旅游类短视频的热门选题方向，每个选题方向要简要说明理由和潜在受众"，让生成的内容更有条理，方便后续整理和使用

2. 实操案例：让DeepSeek制定抖音美食视频热门选题

为了更好地理解DeepSeek在制定热门选题方向中的应用，下面将通过一个实操案例来展示如何让DeepSeek制定抖音美食视频热门选题方向。

Ⓐ 我是美食博主，目标受众为18～35岁的年轻女性，希望在抖音平台做美食视频，结合当下流行的轻食和预制菜概念，给我提供3个热门选题方向。

🐬 以下是针对18～35岁年轻女性受众，结合轻食与预制菜概念的3个热门选题方向及具体内容设计。

1.《便利店轻食大改造：5分钟升级高颜值健康餐》

核心思路：针对年轻女性追求便捷与健康的需求，利用便利店常见的预制菜（如即食鸡胸肉、冷冻蔬菜、低卡魔芋面）进行创意组合，打造兼具颜值与营养的轻食。例如，将预制杂粮饭与即食蔬菜包混合，搭配低脂酱料，通过摆盘技巧提升视觉吸引力。视频可突出"低成本""零失败"标签，并对比改造前后的热量差异，强化健康属性。

内容亮点

场景化痛点：模拟上班族午休场景，展示从货架选购到成品摆盘的全过程。

互动设计：结尾提问"你常买的便利店预制菜是哪款？"鼓励观众在评论区分享食谱。

关键词优化：使用便利店美食轻食改造打工人午餐，覆盖平台流量池。

2.《预制菜测评：网红轻食真的低卡吗？》

核心思路：结合消费者对预制菜健康属性的关注，测评热门轻食类预制菜（如沙拉杯、低脂便当）的真实热量与成分。通过电子秤称重、营养成分表解读、口感试吃等环节，揭露"伪健康"陷阱，同时推荐优质产品。例如，对比某款宣称"低卡"的沙拉酱实际含糖量，并提供自制替代方案。

内容亮点

专业性与趣味性结合：用诙谐的语言吐槽雷品（如"这酱料咸到怀疑人生！"），增强真实感。

数据可视化：以图表的形式展示热量对比，搭配"避坑指南"总结。

流量借势：关联热点话题"科技与狠活成分党"，吸引对健康饮食敏感的用户。

3.《传统美食轻食化：预制菜解锁外婆的秘方》

核心思路：将传统高热量菜品（如红烧肉、糖醋排骨）通过预制菜原料进行健康化改良，满足年轻女性"解馋不胖"的需求。例如，用即食低脂牛肉替代五花肉，搭配零卡糖调料复刻家常菜；或使用预制杂粮面制作低GI版炸酱面。视频可融入"童年回忆""家庭温情"叙事，增强情感共鸣。

内容亮点

文化情怀：穿插老照片或怀旧滤镜，对比传统做法与轻食版的差异。

实用技巧：分享预制菜调味包的使用比例，避免过咸或过甜。

长效价值：强调"一菜多吃"按钮，如用剩余预制食材制作早餐卷饼，提升内容的复用性。

运营建议

视觉优化：采用明快的色调与近景特写，突出食物的质感；添加文字，标注关键步骤（如"热量减少50%！"）。

发布时间：工作日午间（11:30—12:30）和晚间（18:0—19:30），契合目标人群用餐决策时段。

商业化链路：在视频中植入预制菜品牌产品，引导至购物车或品牌合作贴片广告，实现内容变现。

以上选题均围绕"健康+便捷"核心，结合测评、改造、文化叙事等多元形式，适配抖音的碎片化传播特点，同时借势行业展会与政策热点提升专业背书。

2.2.2 撰写短视频脚本

在短视频创作的浪潮中，好脚本是成功的关键。DeepSeek能了解潮流趋势，依据需求快速生成兼具创意与吸引力的脚本，为创作注入活力，助力短视频脱颖而出。

1. 提问技巧

在用DeepSeek撰写短视频脚本时，提问技巧极为关键。精准提问能锚定脚本方向，而非模糊表述。它还能深挖创意，让脚本脱颖而出，极大地提升创作效率与质量，具体如表2-2所示。

表2-2

要素类型	示例内容
主题与背景	主题明确：清晰地给出短视频的主题，比如"以'环保生活'为主题，创作一个短视频脚本"，让DeepSeek明确创作方向
	背景设定：描述主题相关的背景信息，如"在全球气候变暖的大背景下，展现日常生活中的环保行动"，帮助DeepSeek更好地构建脚本内容
角色与场景	角色设定：详细说明角色的特征，包括年龄、性格、职业等，例如"主角是一位25岁的年轻上班族，性格开朗，热爱运动"，使脚本中的角色形象鲜明
	场景描述：具体描述视频发生的场景，如"场景设定在一个现代化的城市公园，有绿树、湖泊和健身设施"，为脚本提供具体的空间环境
情节与节奏	情节构思：提出情节的大致走向或关键情节点，如"主角在公园跑步时，发现有人乱扔垃圾，于是决定发起环保行动"，引导DeepSeek设计合理的情节发展
	节奏把握：明确视频的节奏要求，如"节奏轻快，以快速的镜头切换和简洁的对话为主"，让脚本在节奏上符合预期
风格与氛围	风格定位：确定视频的风格，如"幽默讽刺风格""温馨励志风格"按钮等，使脚本具有独特的艺术风格
	氛围营造：描述希望营造的氛围，如"营造出一种积极向上、充满活力的氛围"，帮助DeepSeek在文字中体现相应的氛围
细节与亮点	细节要求：提出对视频细节的要求，如"注意捕捉主角在环保行动中的表情变化和细微动作"，让脚本更具表现力
	亮点设计：要求设计一些突出的亮点，如"加入一个独特的环保创意展示，让人眼前一亮"，提升视频的吸引力和传播力

2. 实操案例：让DeepSeek生成健身类短视频脚本

为了更好地理解DeepSeek在撰写短视频脚本中的应用，下面将通过一个实操案例来展示如何让DeepSeek生成两分钟的健身类短视频脚本。

Ⓐ 面向健身爱好者，以"居家高效健身"为主题，创作一个适合抖音平台传播的短视频脚本，风格轻松活泼，突出动作示范和简单易学的特点，时长在两分钟左右。

🗨 "宅家暴汗！4个水瓶搞定全身燃脂"短视频脚本
（风格轻松活泼，时长2分钟，含动作分解与互动设计）

　　【开场：5秒吸睛】
　　画面：博主穿着居家服瘫在沙发上刷手机，突然跳起指向镜头："谁说家里没器械不能练？今天教你用矿泉水瓶暴汗燃脂！"（背景音乐：轻快的电子乐）
　　字幕：居家高效健身零器械暴汗

　　【动作1：水瓶深蹲推举（30秒）】
　　镜头：全景→中景跟拍→特写下肢
　　动作：双手握水瓶举至肩部，深蹲时臀部后移，站起时向上推举水瓶。
　　旁白："深蹲+推举双重燃脂！注意膝盖别内扣，想象屁股往后坐椅子"（同步出现动态箭头标注动作轨迹）
　　字幕：每组15次，做3组
　　【转场：3秒趣味衔接】
　　画面：博主擦汗时水瓶意外滑落，瞬间切换成双手接住的慢镜头："哎哟！差点造成工伤！接下来更刺激！"（音效：滑稽刹车声）

　　【动作2：毛巾划船（25秒）】
　　镜头：低角度仰拍→侧身特写背部
　　道具：踩住长毛巾两端，双手握紧做划船动作。
　　旁白："宿舍神器毛巾登场！后背发力把毛巾拉到肚脐位置，肩胛骨使劲儿夹紧！"（画面左下角弹出"易错点：别用手臂拽！"按钮）
　　【动作3：沙发弓步跳（20秒）】
　　镜头：俯拍地面→动态跟踪跳跃轨迹
　　动作：单腿踩沙发，快速切换弓步跳跃，双手举水瓶保持平衡。
　　旁白："这个动作超虐臀！跳跃时核心收紧，落地要轻得像猫咪"（同步显示虚拟能量条："已消耗≈1块蛋糕！"）
　　【动作4：水瓶平板触肩（30秒）】
　　镜头：侧面全景→手部特写
　　动作：平板支撑姿势，交替用手触碰对侧水瓶。

旁白："马甲线杀手来了！屁股别翘高，摸水瓶时身体别乱晃！"（画面右侧出现倒计时进度条，伴随喘息音效）

【结尾：19秒互动与福利】

画面：博主大汗淋漓地对着镜头泼水，突然变装成精致造型："这套计划够狠吧？评论区打卡三天送【饮食食谱】！"

字幕：❶点击收藏防丢失❷@你的懒虫闺蜜❸戳主页领跟练长视频

彩蛋：播放花絮——博主做动作时被猫抢镜，无奈吐槽："连猫都比我标准？！"（背景音乐渐弱，音效：猫叫声）

执行要点

1.运镜设计：多角度切换（俯拍深蹲/仰拍划船），增强视觉冲击；

2.节奏把控：每15秒插入音效/字幕/画面变化，防止用户流失；

3.道具创新：用水瓶、毛巾、沙发等生活物品降低健身门槛；

4.数据可视化：用虚拟能量条、倒计时等元素提升互动感。

（脚本融合了搜索结果中的爆款元素：痛点切入、动作标注、趣味转场、生活化道具，符合抖音用户偏好）

第 **3** 章

剪映专业版：智能创作室，剪辑小白也能高效出片

在AI视频创作时代，剪映专业版堪称创作者的得力助手。它能精准剖析海量素材，快速筛选出契合创作意图的片段，高效完成粗剪。剪映专业版具备强大的特效与调色功能，可对生成的基础画面精细雕琢，实现光影、色调的完美调校，赋予视频电影质感。在剪映专业版的帮助下，创作者能打通从创意构思到成品输出的全流程，释放无限创意，打造出吸睛、优质的视频作品。

3.1　认识剪映专业版

剪映专业版由字节跳动旗下深圳脸萌科技推出，是抖音官方桌面端剪辑软件。它拥有强大的素材库，支持多轨编辑，智能功能丰富，如语音、歌词只别一键加字幕。依托抖音海量资源与技术，能让零基础者轻松产出专业视频，深受自媒体、影视后期人员喜爱。

3.1.1　剪映专业版的功能介绍

剪映专业版是其核心功能覆盖专业剪辑、智能辅助与创意表达三大维度，下面具体介绍。

1. 多轨道非线性编辑系统

剪映专业版支持无限视频轨与音频轨叠加编辑，主视频轨固定展示，其他轨道可自由分层、排序与隐藏。例如，在制作访谈类视频时，可将嘉宾画面置于主轨道，将背景音乐（BGM）、环境音效、字幕分别放置于不同的音频轨道，通过轨道独奏功能快速切换调试。剪映专业版还支持多机位剪辑，最多可同步编辑9路素材，通过声音对齐或时间码匹配实现精准同步，特别适合活动拍摄、多视角Vog等场景。

2. 动态关键帧动画引擎

通过关键帧技术实现参数随时间变化的动态效果，支持位置、缩放、旋转、透明度等20余项属性调节。例如，在制作文字动画时，可在第0秒添加位置关键帧并设置坐标为（-100,0），在第1秒处设置坐标为（0,0），实现文字从左侧飞入的效果；配合"速度曲线"功能，还能模拟加速、减速等物理运动规律。该功能还支持批量关键帧复制与粘贴，显著提升复杂动画的制作效率。

3. AI智能剪辑生态

内置语音转字幕功能，支持中文、英语等12种语言，可自动匹配口型并生成时间轴字幕。智能配音系统提供200多种情感音色，输入文本即可生成自然语音，支持语速、语调、变声等的精细调节。此外，智能抠像技术通过AI识别主体轮廓，以发丝级精度处理绿幕素材，配合色度抠图工具可一键替换背景。

4. 专业级调色与特效体系

提供曲线调色、HSL调整、色彩平衡等20余项工具，支持Rec.709色彩空间与HDR10格式导入、导出。例如，在处理风景视频时，可通过"曲线工具"提亮暗部并压暗高光，配合"复古胶片"滤镜营造电影质感。特效库包含1000多种预设，涵盖粒子、光效、转场等类型。

5. 音频精修与混音系统

剪映专业版支持音频分离、降噪、均衡器调节等专业操作，可独立编辑视频原声与背景音乐。例如，提取访谈视频中的人声后，可通过"降噪"功能去除环境杂音，再叠加"混响"特效增强空间感。音乐库整合抖音热榜素材，提供智能踩点功能，自动在音频波形上标注节奏点，帮助创作者快速匹配画面与音乐节奏。

6. 跨平台协作与高效输出

支持手机端草稿与电脑端无缝同步，创作者可在移动端粗剪，返回电脑端精细化处理。导出功能支持4K/60fps分辨率、H.265编码与无损格式，码率最高达100Mbps，满足商业项目画质需求。此外，软件内置"品牌定制模板"，企业用户可一键生成促销倒计时、节日海报等营销素材。

3.1.2　下载并登录剪映专业版

下面介绍下载并登录剪映专业版的详细操作步骤。

（1）在浏览器中搜索并进入剪映官网，单击首页界面的"立即下载"按钮，如图3-1所示。

（2）下载并安装剪映专业版，然后打开并进入剪映专业版软件，单击首页左上角的"点击登录账户"按钮，如图3-2所示。

（3）进入登录界面，先勾选下方的"已阅读并同意剪映用户协议和剪映隐私政策"复选框。共有两种登录方式，一种是通过抖音登录，另一种是通过Apple登录，如图3-3所示。

图 3-1

图 3-2

图 3-3

（4）单击"通过Apple登录"按钮，进入Apple账户登录界面。先输入电子邮件地址或电话号码，再单击右侧的 → 按钮，如图3-4所示，接着输入密码，单击右侧的 → 按钮，即可自动登录剪映，如图3-5所示。

图 3-4

图 3-5

（5）单击"通过抖音登录"按钮，进入抖音账户登录界面。单击"扫码授权"按钮，用抖音App扫描图中的二维码便能自动登录剪映专业版，如图3-6所示；单击"验证码授权"按钮，输入手机号再单击"获取验证码"按钮，然后输入收到的验证码，勾选下方的"已阅读同意用户协议与隐私政策"复选框，最后单击"抖音授权登录"按钮，便可成功登录剪映专业版，如图3-7所示。

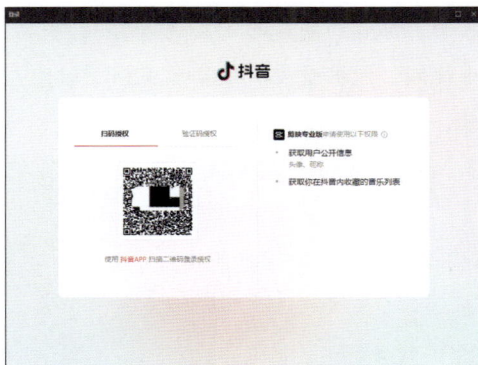

图 3-6

图 3-7

3.1.3 剪映专业版的基础页面介绍

下面将介绍剪映专业版的基础页面，共分为3个区域：创作区域、草稿区域和侧边栏，如图3-8所示。

图 3-8

1. 创作区域

在创作区域能使用剪映专业版的各种视频创作功能，如图3-9所示。

图 3-9

开始创作：剪映专业版的基础剪辑功能，单击此按钮即可开启视频剪辑之旅。

视频翻译：自动翻译多种语言，还能保留原视频的声音和口型。

智能抠像：能一键去掉视频里的背景，轻松抠出图像。

超清画质：把模糊的视频变清晰，颜色更鲜艳。

AI文案成片：输入关键词，自动生成带画面、配音和字幕的完整视频。

AI切片：自动把长视频剪成多个精彩的小视频，能批量生成带货短视频。

图文成片：把文字和图片变成会动的视频，自动匹配音乐加特效。

营销成片：挑选行业模板输入产品卖点，便能自动生成带促销信息的带货视频，直接投放到各种平台。

创作脚本：规划视频剧本，提供分镜头建议和运镜参考，新手也能拍出专业感。

2. 草稿区域

在草稿区域能对视频素材进行操作，如图3-10所示。

图 3-10

3. 侧边栏

侧边栏包括剪映专业版的辅助功能，如图3-11所示。

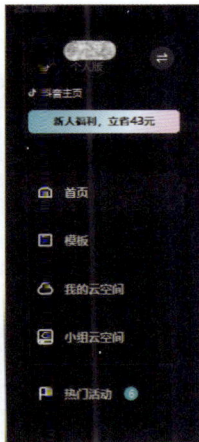

⇄：单击该按钮，可以快速切换账号和管理账号设置。

首页：单击"首页"按钮能快速回到界面首页。

模板：内置海量现成的视频框架，选好模板后只需替换自己的素材和文字，便能生成带特效、字幕和音乐的完整视频。

我的云空间：私人网盘，可以上传视频、图片、音频等素材到云端保存。更换设备剪辑时直接下载使用，还能设置密码保护重要文件。

小组云空间：类似于共享文件空间，团队成员可以把素材、草稿存进去一起编辑。当多人合作剪辑时，导演能直接在云端修改分镜，剪辑师实时看到更新，不用来回传文件。

图 3-11

热门活动：官方定期举办的创作比赛和福利，参加活动可以赢取现金奖励、流量扶持或免费素材包，还能学习其他创作者的爆款经验。

3.2 AI短视频创作：一键生成爆款，轻松圆你创作梦

在短视频风靡的当下，创作的效率与质量愈发关键。剪映专业版打破了传统创作壁垒，融合了前沿智能科技，无论是毫无经验的新手，还是追求高效的资深创作者，都能借助其轻松开启创意之旅，快速产出吸睛佳作。

3.2.1 模板：风格多元，直接套用

剪映专业版内置海量模板，涵盖多种主题与风格。不管是新手小白，还是专业创作者都能轻松上手。只需导入素材，替换文字，就能快速生成视频，大大节省了创作时间，降低了创作门槛，让每个人都能高效产出佳作。

（1）单击剪映专业版首页左侧的"模板"按钮，如图3-12所示。

（2）在"模板"界面挑选自己喜欢的模板，然后将鼠标指针移动到模板上面，再单击模板下方的"使

图 3-12

33

用模板"按钮，如图3-13所示。

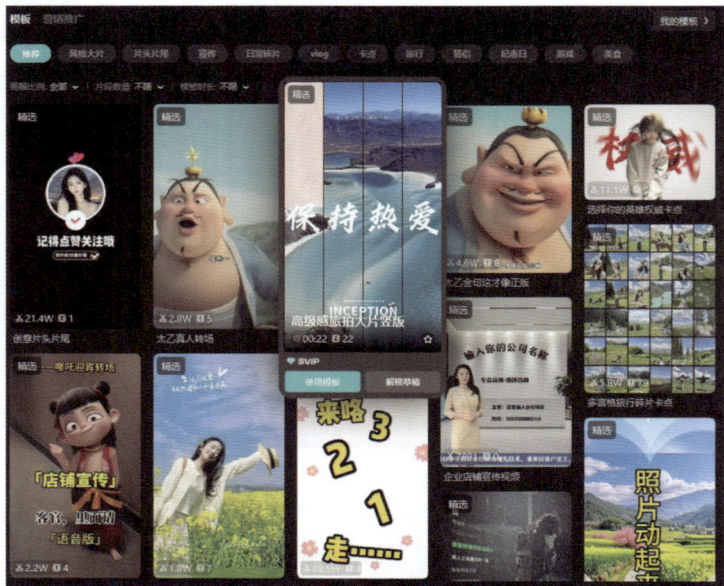

图 3-13

（3）即可轻松套用模板进行视频创作，如图3-14所示。

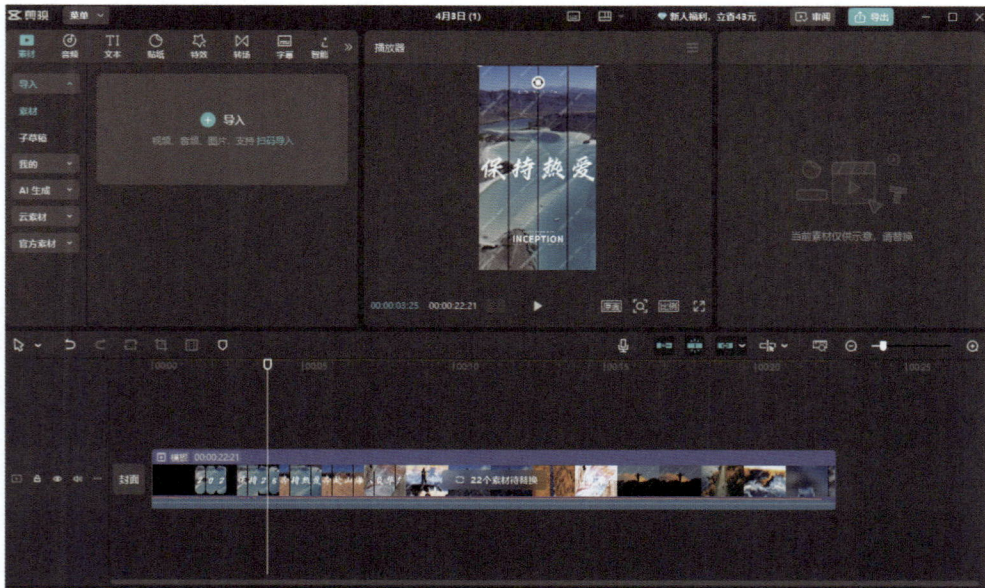

图 3-14

3.2.2　AI文案成片：文字秒变优质数字人口播视频

"AI文案成片"功能可以依据提示生成完整的文案，还自动匹配适配的画面、音乐、转场，轻松生成视频。这不仅大大节省了创作者找素材、构思文案的时间，而且降低了创作门槛，让零基础的用户也能快速产出吸睛视频。

（1）单击剪辑专业版首页的"AI文案成片"按钮，如图3-15所示。

图 3-15

（2）单击"开始创作"按钮，进入"AI文案成片"界面，如图3-16所示。

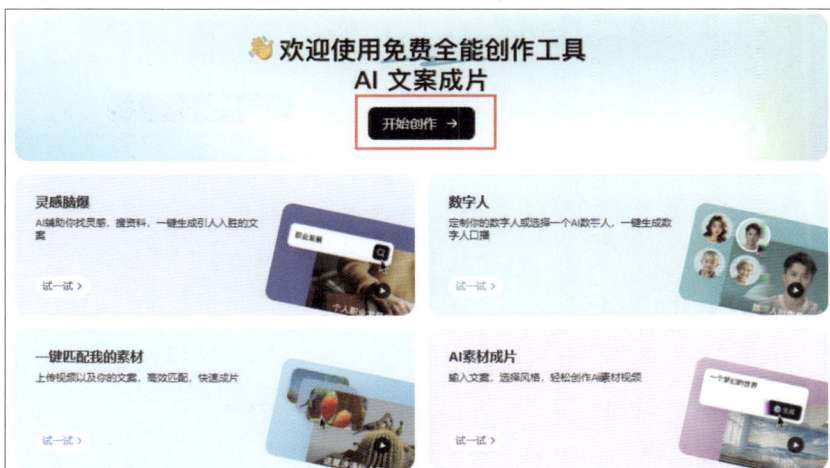

图 3-16

（3）在文本框内输入口播文案，如图3-17所示。

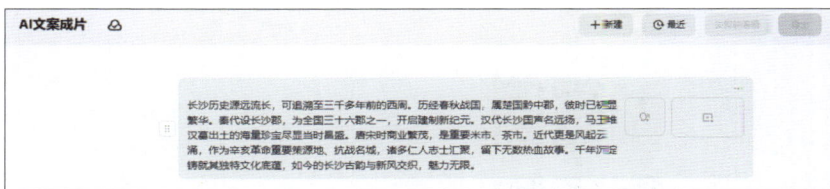

图 3-17

（4）如果没有灵感，可以单击页面左侧的"文案"按钮，进入"文案"选项卡，分别输入文案主题、内容要点，再选择预估字数，最后单击"生成文案"按钮，即可生成文案，如图3-18所示。若有进一步要求，可单击"提取视频文案"按钮，上传视频并将视频中的文案提取出来进行仿写，也可以在"更多要求"文本框内输入文案要求，如图3-19所示。

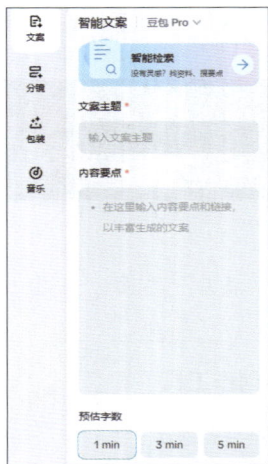

图 3-18

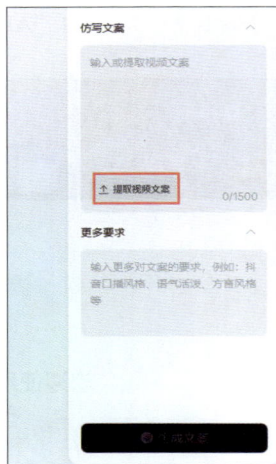

图 3-19

（5）输入文案后单击"分镜"按钮，选择数字人模板"圣诞阿白"，如图3-20所示，再单击"纯配音"按钮，选择数字人音色"温和宝爸"，然后单击"应用全部分镜"按钮，如图3-21所示。

（6）接着单击"包装"按钮，选择喜欢的字幕样式，如图3-22所示。

图 3-20

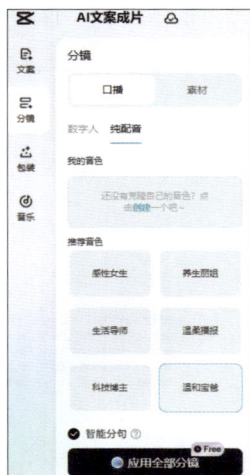

图 3-21

（7）再单击"音乐"按钮，在上方的搜索框内输入"长沙"并按下Enter键，再将鼠标指针移动到要添加的音乐上，然后单击右侧的⊕按钮，即可添加音乐，如图3-23所示。

图 3-22　　　　　　　　　　　　　图 3-23

（8）接着单击页面右上角的"导出"按钮，如图3-24所示，输入名称，再分别设置"质量"为"推荐画质"、分辨率为720p、"格式"为mp4、"帧率"为24fps，最后单击"导出"按钮，即可成功生成并下载视频，如图3-24、图3-25所示。

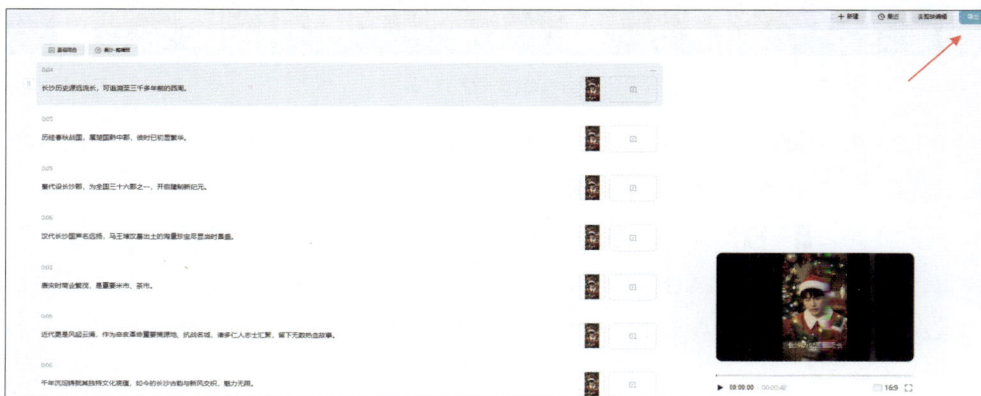

图 3-24

（9）如图3-26所示便是生成的数字人视频，直接输入文字可让剪映生成心仪的数字人口播视频。

图 3-25

图 3-26

3.2.3　图文成片：将想法瞬间变成视频

"图文成片"功能依据文字智能匹配契合的图片、视频素材，自动添加字幕、旁白与音乐，一键生成完整的视频。其重要性在于极大地降低了创作门槛，节省了找素材、剪辑的时间，让零基础者也能快速产出吸睛视频，高效开启创作之旅。

（1）单击剪映专业版首页上方的"图文成片"按钮，如图3-27所示。

图 3-27

（2）输入相应的主题与话题，再设置"视频时长"为"1分钟左右"，然后单击"生成文案"按钮，即可生成文案，如图3-28所示。

（3）单击◀和▶按钮挑选喜欢的文案，如果对文案不满意可单击"重新生成"按钮，重新生成文案。接着单击"磁性男声"右侧的下拉按钮，设置声音，再单击"生成视频"按钮，最后单击"智能匹配素材"按钮，即可生成视频，如图3-29和图3-30所示。

（4）如图3-31所示便是剪映自动生成的关于爱情话题的视频。

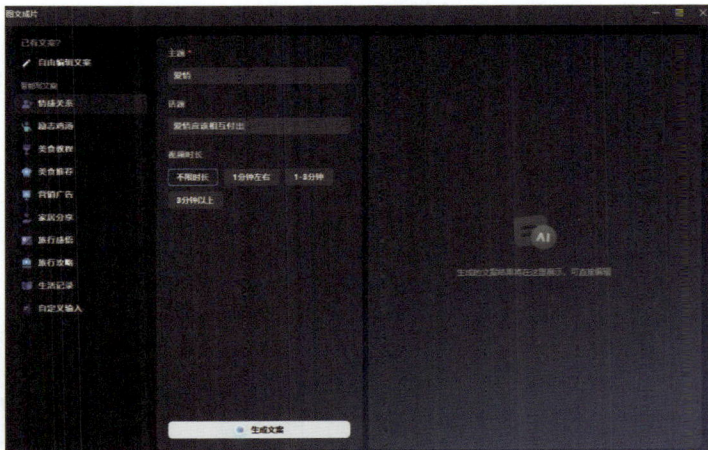

图 3-28

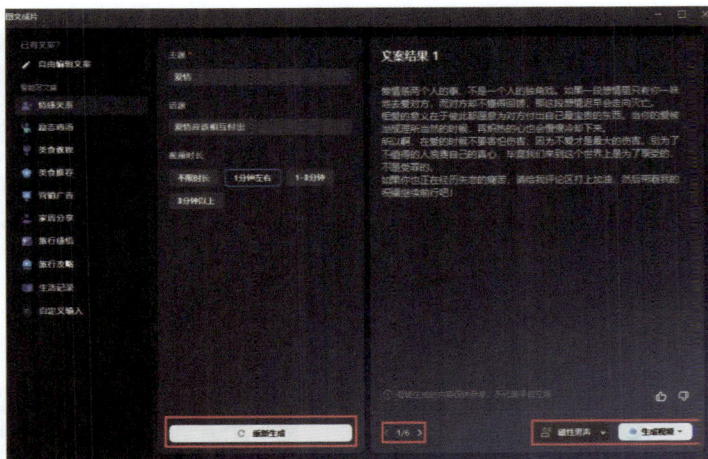

图 3-29

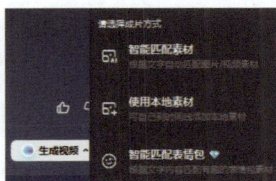

图 3-30

图 3-31

3.2.4 营销成片：制作爆款视频，营销也很简单

使用"营销成片"功能用户只需上传素材，输入商品名与卖点，便能借助AI完成脚本撰写、配音、素材匹配等一系列工作，迅速产出高质量爆款视频。该功能不仅极大地降低了创作成本，生成的内容还贴合当下爆款套路，适配多平台尺寸，助力商家高效推广，轻松提升产品销量与品牌的影响力。

（1）单击剪映专业版首页的"营销成片"按钮，如图3-32所示。

图 3-32

（2）先单击"导入视频"按钮，上传视频素材，导入视频总时长需至少15秒，如图3-33所示。

（3）再单击"AI写文案"按钮，接着分别输入产品名称、产品卖点、适用人群和优惠活动，设置"视频尺寸"为16：9、"视频时长"为"15～30秒"，接着单击"生成文案"按钮，即可生成该产品的营销文案，如图3-34和图3-35所示。

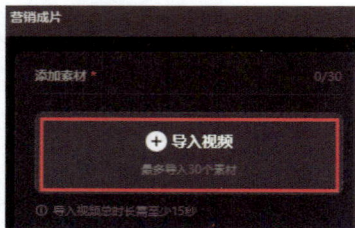

图 3-33

图 3-34

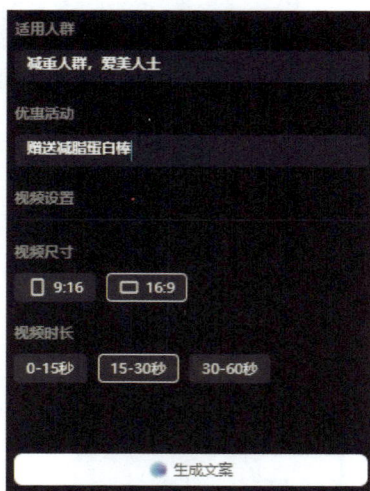

图 3-35

（4）然后选择合适的文案右下角的"采用"复选框，最后单击"生成视频"按钮，如图3-36所示。

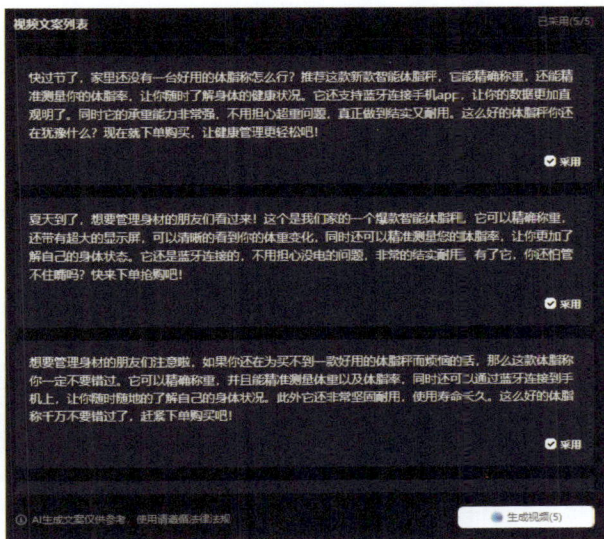

图 3-36

（5）如图3-37所示便是自动生成的营销视频。

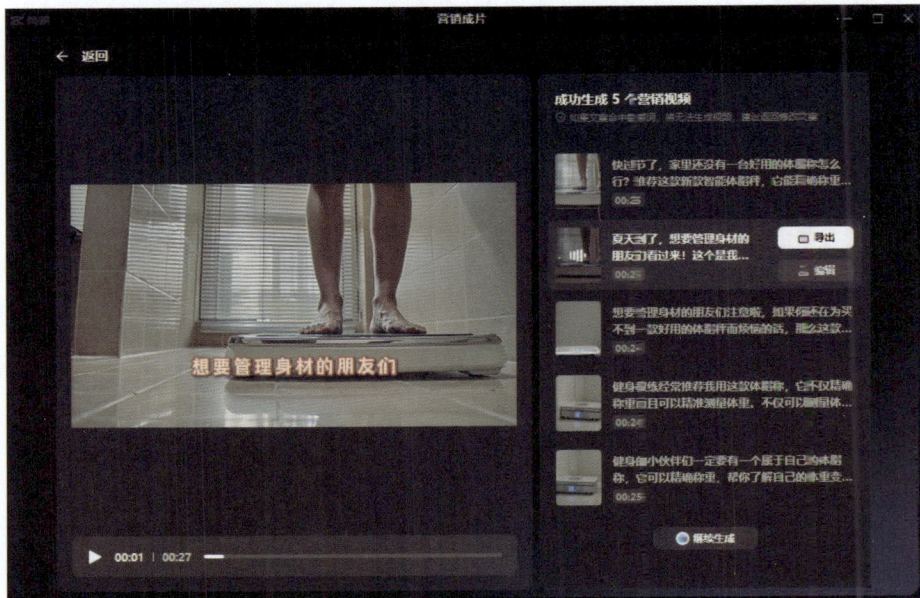

图 3-37

3.3 智能剪辑：自动识别素材亮点，高效成片超省心

剪映专业版的"智能剪辑"功能能自动识别视频中的场景、语音等，实现一键分割镜头、去除停顿和语气词、生成字幕等操作，大大提高剪辑效率，降低创作门槛，让用户能更专注于内容创作。

3.3.1 AI切片：快速定位精华，轻松剪出爆款

"AI切片"功能可通过人工智能算法，将视频切分成片段。它能助力创作者从冗长的素材中精准找到可用片段，快速提取关键内容，提升创作质量。

（1）单击剪映专业版首页上方的"AI切片"按钮，如图3-38所示。

图3-38

（2）单击"点击上传，或拖拽文件到这里"按钮，上传文件或将文件拖至框内，如图3-39所示。

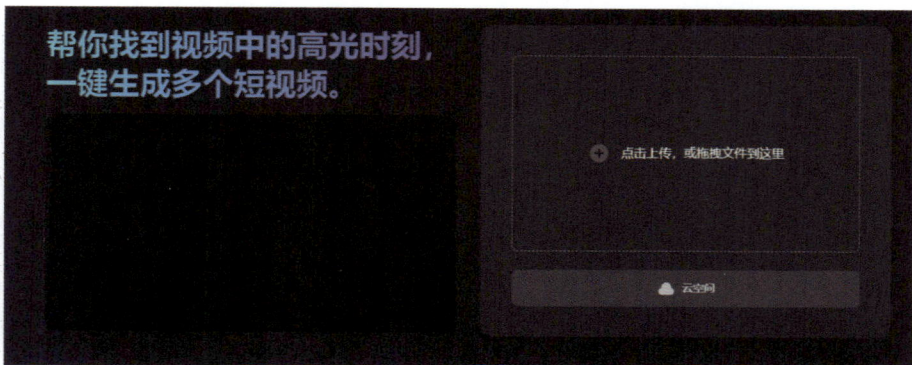

图3-39

（3）先拖拽滑块█选择需要生成短视频的部分，然后选择字幕模板，设置"选择每段视频生成的时长"为"自动"，最后单击"一键切片"按钮，如图3-40所示。

（4）剪映专业版便自动将视频切片好，可以单击"导出"按钮导出视频，或者单击"编辑"按钮继续编辑视频，如图3-41和图3-42所示。

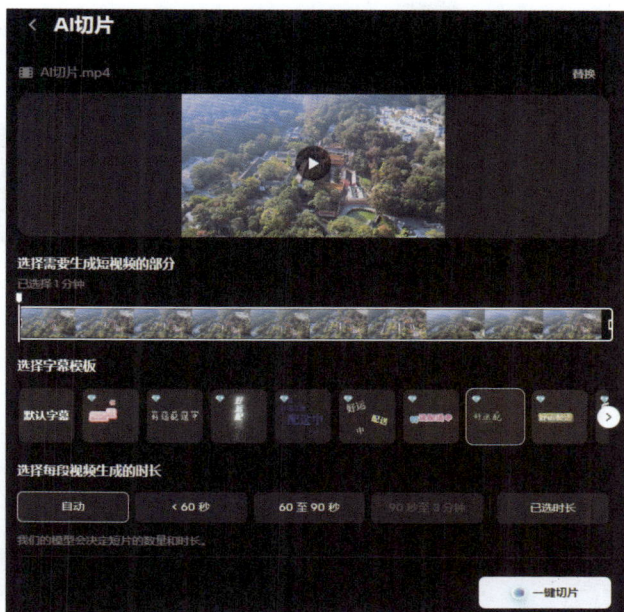

图 3-40

图 3-41

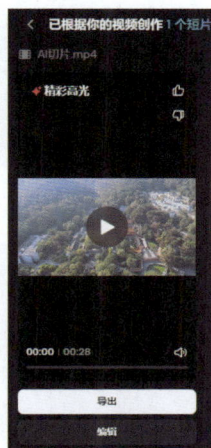

图 3-42

3.3.2　智能包装：自动匹配精美素材，视频瞬间高大上

　　"智能包装"功能能根据视频内容，自动匹配字幕、贴纸、音效等元素，还能将人声转为字幕并添加动画效果。它不仅能快速提升视频质感，还能最大限度地节省创作时间，降低制作门槛，让新手也能轻松产出酷炫的视频。

（1）单击剪映专业版首页的"开始创作"按钮，如图3-43所示，进入视频创作界面。

图 3-43

（2）单击"导入"按钮，上传视频素材，如图3-44所示，然后将素材拖至创作界面，如图3-45所示。

图 3-44

图 3-45

（3）再单击"文本"按钮，接着单击"智能包装"按钮，进入"智能包装"界面，设置包装风格为"生活Vlog"，最后单击"开始匹配"按钮，如图3-46所示。

（4）剪映专业版便会自动对素材进行包装，如图3-47和图3-48所示。

图 3-46

图 3-47

图 3-48

3.3.3　智能剪口播：自动优化口播视频，轻松省时间

"智能剪口播"功能可自动识别口播视频中的停顿、语气词、重复话术等内容并进行处理。它能有效优化视频节奏，提升观看体验，还能大幅提高剪辑效率，让创作者更专注于内容创作，是制作口播视频的实用工具。

（1）单击剪映专业版首页的"开始创作"按钮，进入视频创作界面，如图3-49所示。

图 3-49

（2）单击"导入"按钮，上传视频素材，如图3-50所示，然后将数字人口播素

材拖至创作界面，如图3-51所示。

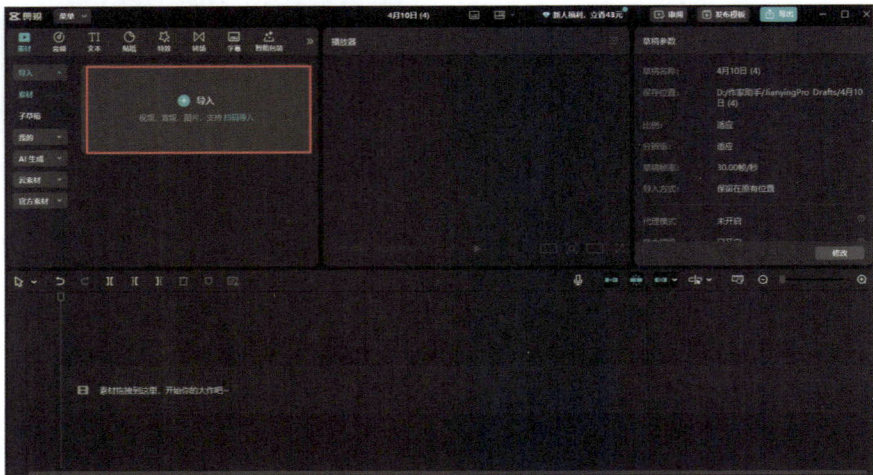

图 3-50

图 3-51

（3）将鼠标指针移动到素材上单击鼠标右键，接着选择"智能剪口播"命令，进入"智能剪口播"界面，如图3-52所示。然后单击"标记无效片段"按钮，再单击"删除"按钮，剪映专业版便会自动剪掉无效片段，如图3-53所示。

（4）再单击页面右上角的"导出"按钮，如图3-54所示，输入标题，单击 按钮，选择导出位置，接着分别设置"分辨率"为1080p、"码率"为"推荐"、"编码"为H.264、"格式"为mp4、"帧率"为30fps，最后单击"导出"按钮，即可得到视频，如图3-55所示。

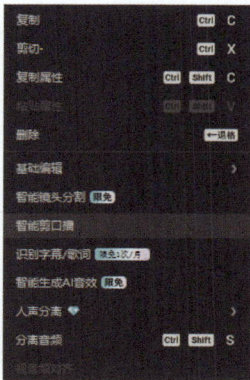

图 3-52

图 3-53

图 3-54

图 3-55

（5）如图3-56所示便是智能剪辑后的视频，相比于原视频删除了多余片段。

图 3-56

第 **4** 章

即梦 AI：创意工坊，手残党也能玩转创意

　　在数字与现实交织的时代，创意不再是艺术家的专属领域。即梦AI以创意为核心，打破了传统创作的高难度壁垒。它引入一系列简单、易上手的工具与技法，从傻瓜式的手工模具，到智能引导的设计软件，无须精湛的技艺，跟着步骤就能将脑海中的奇思妙想逐步表现出来。走进这个工坊，便能开启一场创意冒险之旅，挖掘被封印的艺术潜能。

4.1　认识即梦AI

即梦AI是抖音旗下的AI创作平台，由剪映团队开发，通过多种实用功能和技术，将用户的创意快速转化为视觉内容。它不仅支持中文语义理解和多风格生成，而且能降低创作门槛，提高创作效率。即梦AI有效助力全民参与数字创作，成为连接想象与现实的核心工具。

4.1.1　即梦AI功能介绍

即梦AI聚焦于通过生成式AI技术赋能内容创作，其核心功能覆盖多模态生成、智能编辑与行业解决方案三大维度，以下为具体介绍。

1．AI图像生成与编辑

即梦AI支持用户通过中文提示词快速生成高质量图片，涵盖摄影、油画、动漫等多种风格，并可对现有图片进行创意改造，如背景替换、风格联想、局部重绘等。其底层技术通过对自然语言的精准解析，将抽象的需求转化为视觉元素的组合，例如用户输入"科技感城市海报"，系统会自动拆解出"霓虹渐变光效""未来建筑剪影"等专业术语，结合渲染能力生成4K高清作品。此外，平台提供智能画布工具，集成拼图生成、一键扩图、图像消除等功能，支持多元素无缝拼接与分层编辑，确保创作风格的统一、和谐。

2．智能视频创作与动态模拟

即梦AI的视频生成功能以自然语言或图片为输入，自动生成流畅的动态内容，支持首尾帧设定、运镜控制（如镜头放大、旋转、水平移动）、速度调节等参数化操作，用户可通过简单的指令实现从静态图片到动态视频的转化。例如，上传人物图片和参考视频后，系统可模拟指定动作或情绪生成最长30秒的短视频。平台还提供故事创作模式，用户输入故事梗概或关键描述后，AI会自动生成连贯的分镜脚本，实现从剧本构思到成片的一站式流程，尤其适用于电商广告、短剧制作等。

3．多模态创作生态与智能工具

即梦AI整合了图片、视频、音乐等多种创作形式，内置海量素材与模板资源，用户可一键套用热门模板或获取同款提示词，快速激发灵感。平台的智能编辑工具包括对口型、光影优化、虚拟场景替换等。例如，绿幕素材可一键替换为实景光影融合的背景，使用普通手机拍摄的素材经AI处理后可拥有电影级质感。此外，平台支持数据可视化融合，用户上传Excel数据即可生成热力地图、动态图表等专业级可视化内容，满足商业分析与教育展示需求。

4. 社区互动与创意激发

即梦AI构建了创作者社区，用户可分享作品、浏览他人创作的作品，参与创意挑战赛或话题讨论，形成灵感交流的生态闭环。平台的实时热度追踪功能会抓取抖音等平台的热点话题与流行元素，自动生成二次创作方案，帮助用户借势热点提升内容的传播效果。例如，系统可分析爆款视频的镜头切换频率、标签体系等数据，为用户提供优化建议，显著提升作品的完播率与互动率。

5. 垂类场景深度赋能与企业级解决方案

即梦AI针对电商、本地生活、教育等不同的行业提供定制化工具。例如，电商领域为商品白底图自动生成情节脚本、直播高光片段智能切片，以及教育领域的职业形象照生成、生涯规划课素材制作等。企业版支持品牌元素云存储与数字人矩阵，可实现门店宣传视频的标准化生产，降低人力成本90%。平台还与抖音生态深度绑定，生成的视频可直接投放广告，结合智能流量导航系统预测投放效果，优化发布时间与标签组合，助力企业实现内容生产与营销的全链路自动化。

4.1.2　登录即梦AI

下面是登录即梦AI的详细操作步骤。

（1）在浏览器中搜索并进入即梦官网，勾选"已阅读并同意用户服务协议/隐私政策/AI功能使用须知"复选框，再单击"登录"按钮，如图4-1所示。

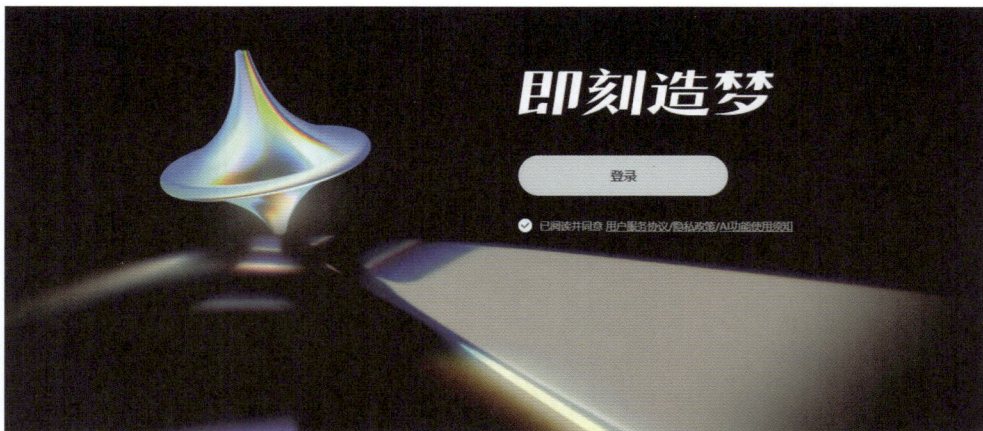

图4-1

（2）共有两种登录方式，一种是扫码授权登录，打开手机抖音App，扫描页面中的二维码即可登录即梦AI，如图4-2所示。

图 4-2

（3）另一种是验证码授权登录，先输入手机号，再单击"获取验证码"按钮，将手机收到的短信验证码输入到文本框内，接着勾选"已阅读并同意用户协议与隐私政策"复选框，最后单击"抖音授权登录"按钮，即可登录即梦AI，如未注册过即梦AI，将会自动注册并登录，如图4-3所示。

图 4-3

4.1.3 即梦AI的基础页面介绍

下面将介绍即梦AI的基础页面，共分为3个部分：核心功能区域、资源区域和侧边栏，如图4-4所示。

图4-4

1. 核心功能区域

核心功能区是即梦AI的创作核心，包含3大核心工具：AI作图、AI视频和数字人，如图4-5所示。

图4-5

图片生成：输入文字描述，AI即可生成不同风格的图片，手残党也能飞速出图。

智能画布：能像Photoshop中一样编辑图层，可局部重绘，还能消除画面杂物，不用学习使用复杂的工具也能修改图片细节。

视频生成：上传照片自动生成动态视频，可设置运镜和特效，适合制作短视频素材。

故事创作：输入关键词，AI便可自动生成完整的故事脚本和分镜，还能根据需求调整角色和情节，适合短视频创作者快速写作剧本。

对口型：选择数字人形象后输入台词，能让AI自动匹配口型生成视频，适合制作知识类短视频。

动作模仿：上传人物图片，选择动作库，能让AI生成动态视频，适合制作表情包或剧情片段。

2. 资源区域

即梦AI的社区资源区域围绕"灵感"与"短片"两大核心板块构建，形成了一个集创意激发、作品展示与互动交流于一体的生态平台。"灵感"区域像一座创意宝库，提供海量热门模板、实时热点素材和行业专属素材包，如图4-6所示；"短片"区域则是视频生产车间，用户可以用AI自动生成带运镜和特效的短片，参与主题挑战赛，赢取流量扶持，甚至与团队在线协作制作分镜脚本，最后通过数据驾驶舱分析完播率、转化热区等数据优化内容。简单来说，资源区域既能帮助创作者快速找到创作方向，又能提供从想法到成片的全流程工具，让零基础用户也能轻松产出高质量的视频，如图4-7所示。

图 4-6

图 4-7

3. 侧边栏

单击侧边栏中的按钮，能方便快捷地使用即梦AI的各种功能，如图4-8所示。

首页：单击"首页"按钮，能立即回到即梦AI首页。

探索：帮你发现新鲜内容，比如推荐的热门视频、有趣的人或你感兴趣的话题。

活动：记录你的动态和互动，比如谁点赞、评论了你的作品，或者你参与的活动通知，能随时查看最新反馈。

个人主页：展示你的个人资料和作品，可以修改头像、昵称，也能让别人看到你发布的内容。

资产：管理你的虚拟财产，比如赚取的积分、兑换的奖励或购买的虚拟道具，存放你在平台的物品。

音乐生成：快速给视频匹配背景音乐，能根据风格自动推荐或生成专属BGM。相当于智能配乐助手，让作品更有氛围感。

图 4-8

4.2　AI作图：打造属于你的梦幻图片

"AI作图"功能支持多语言提示词输入，尤其针对中文语义深度优化，用户输入文字即可生成超现实、二次元、复古胶片等20余种风格的图像，并且支持局部重绘、一键扩图、无损超清等智能画布编辑功能。

4.2.1　图片生成：用文字生成麦田少女绝美插画

即梦AI的"图片生成"功能让用户无须专业的设计技能，只需输入文字或参考图，就能快速生成高质量的视觉内容。它降低了内容制作门槛，也极大地提升了创作效率，帮助用户轻松打造个性化图片，增强作品吸引力。

（1）单击即梦AI首页的"图片生成"按钮，如图4-9所示。

图 4-9

（2）先在文本框内输入提示词。如果需要提高图片生成的准确性，可使用下方的功能按钮。单击"导入参考图"按钮，上传本地图片，让即梦AI根据上传的图片生成相应的图片；单击 按钮可增强文字效果；单击DeepSeek-R1按钮可进入DeepSeek的对话框来获取提示词灵感，在对话框内输入需求，再单击 按钮，即可与DeepSeek对话，单击 Deepseek-R1 按钮，即可返回提示词输入框，如图4-10和图4-11所示。

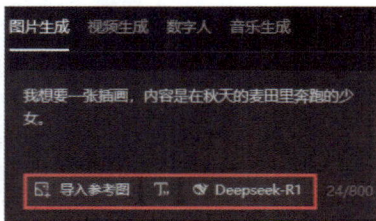

图 4-10

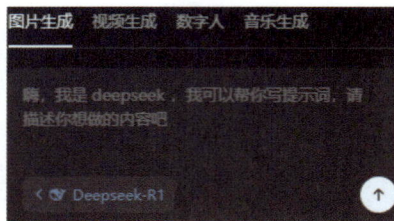

图 4-11

（3）然后单击 按钮，设置"生图模型"为"图片3.0"，再调整清晰度为"高清2K+"，如图4-12所示。

（4）接着设定"图片比例"为9∶16、"图片尺寸"为"W1440，H2560"，最后单击"立即生成"按钮，即可生成图片，如图4-13所示。

（5）如图4-14至图4-17所示便是即梦AI生成的"麦田少女"绝美插画。

图 4-12

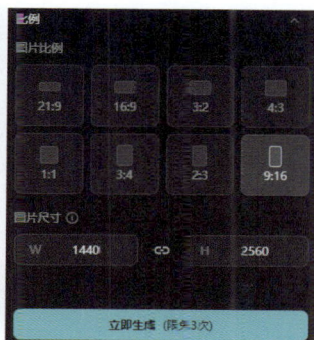

图 4-13

图 4-14

图 4-15

图 4-16

图 4-17

4.2.2　智能画布：随心所欲，对图片进行二次创作

即梦AI的"智能画布"功能通过AI技术让用户轻松实现视觉创作，支持多元素智能排版、一键生成设计稿，大幅降低了专业设计门槛，提升了内容生产效率，是短视频制作、社交媒体运营的创意加速器。

1. 实时画布

"实时画布"功能能根据用户输入的提示词及用户涂抹的效果，实时生成对应的图案，让AI画图更易把控。

（1）单击即梦AI首页的"智能画布"按钮，如图4-18所示。

图 4-18

（2）单击"上传图片"按钮，上传需要用"智能画布"修改创作的图片，如图4-19所示。将鼠标指针移动到图片处，单击选中图片，即可对图片使用"智能画布"的一系列功能，如图4-20所示。

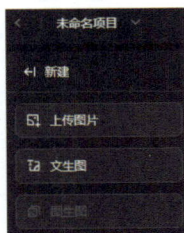

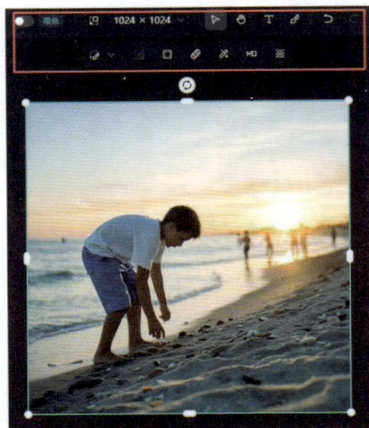

图4-19   图4-20

（3）单击智能画布界面的  按钮，如图4-21所示。

图4-21

（4）进入智能画布界面后，即梦AI会自动生成对应的图片，如图4-22所示。在输入框内输入提示词，即梦便会根据提示词生成新的图片，如图4-23所示。单击 按钮并滑动滑块可以调节参考强度，参考强度越高，生成的图片与原图片越相似，如图4-24所示。如果对生成的效果不满意，可单击 按钮重新生成图片，如图4-25所示；如果对生成的效果满意，可单击 按钮，将生成的图片保存为新图层。

图4-22   图4-23

图 4-24　　　　　　　　　　　　　　图 4-25

（5）用户还能使用画笔对图片进行创意创作。单击"实时画布"页面中的 🖋 按钮，即可使用"画笔"功能。单击"画笔颜色"右侧的 ⌄ 按钮可选择画笔颜色，滑动 ▋ 可调节画笔大小，如图4-26所示。

图 4-26

（6）用画笔在原图上涂抹，即梦AI便会在涂抹处生成相应的物体，并绘制成新的图片，如图4-27和图4-28所示是使用不同颜色的画笔对图片涂抹效果的对比。

图 4-27　　　　　　　　　　　　　　图 4-23

2. 画板调节

利用"画板调节"功能用户能自定义画板尺寸，还可选择预设比例，调整图片位置，适配多样的创作需求。

（1）单击图中红框处的按钮，接着选择合适的画板尺寸"W576，H1024"，以及画板比例9：16，如图4-29所示。

（2）画板的大小和位置是固定的，通过四处拖动图片，便可在画板上得到想要的画面，从而对图片进行创作。比如，可以只显露图片中的小男孩，如图4-30所示；或者只显露图片中的路人，如图4-31所示。

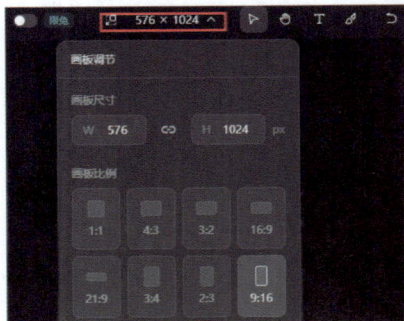

| 图 4-29 | 图 4-30 | 图 4-31 |

3. 局部重绘和局部转向

"局部重绘"是指使用画笔涂抹图片特定区域，输入对应提示词，AI即可依指令重新生成该部分画面。"局部转向"是指框选需调整方向的物体区域，用箭头表明运动方向，助力用户改变物体在画面中的显示方向。

（1）单击智能画布界面上方的 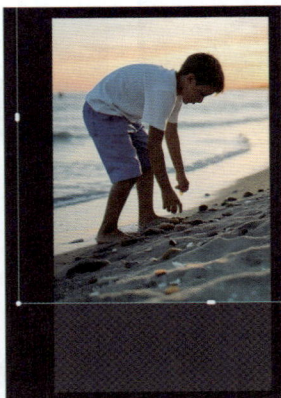 按钮，再单击"局部重绘"按钮，进入"局部重绘"界面，如图4-32所示。

图 4-32

（2）用画笔涂抹需要重绘的地方，在输入框内输入提示词，单击"局部重绘"按钮，便可得到重绘的图片，图片中的路人被重绘成了宠物犬，如图4-33和图4-34所示。

（3）也可以单击 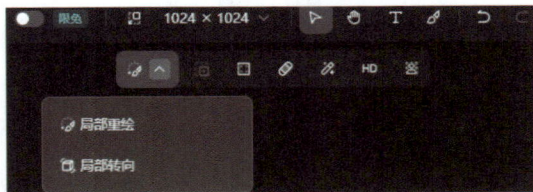 按钮，快速选择即梦AI识别的图层，选中沙滩图层，输入提示词，最后单击"立即生成"按钮，即可得到重绘的图片，此时原先的沙滩上出现

了鲜花，如图4-35和图4-36所示。

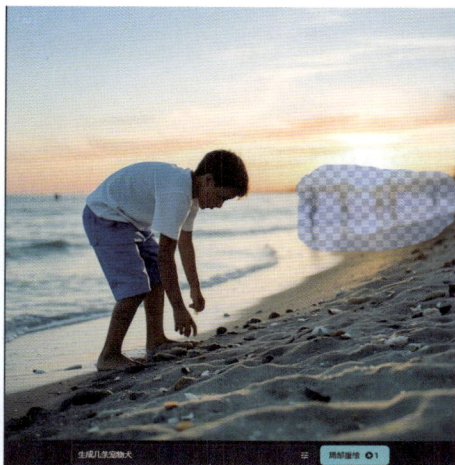

图 4-33

图 4-34

图 4-35

图 4-36

（4）单击智能画布界面上方的 按钮，再单击"局部转向"按钮，如图4-37所示。

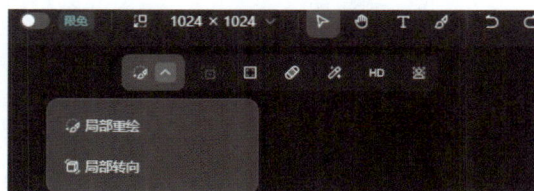

图 4-37

（5）用画笔涂抹需要实现"局部转向"的主体画面。也可以单击 按钮快速选择图层，再单击"添加转向箭头"按钮，如图4-38所示。在选定区域内绘制箭头，先在选定区域内单击以设定箭头尾部，再单击以设定箭头头部，最后单击"局部转向"按钮，如图4-39所示。

图4-38

图4-39

（6）如图4-40所示便是进行"局部转向"操作后的图片，与原图片相比，小男孩的手掌合了起来。

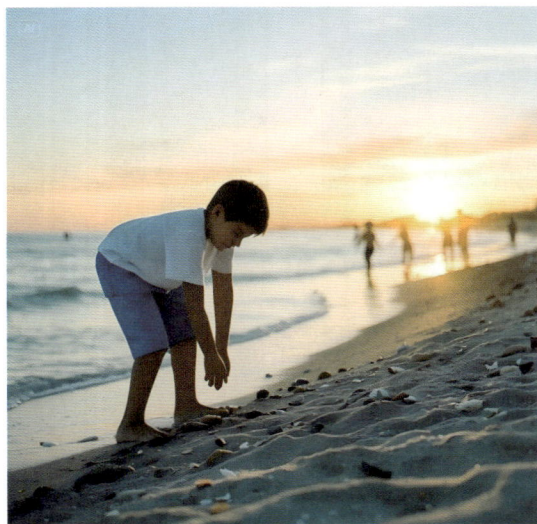

图4-40

4.扩图

"扩图"功能可以根据用户需求，扩大图片尺寸，让即梦AI补全画面。

（1）单击智能画布界面上方的█按钮，如图4-41所示。

（2）在"扩图"界面单击✔按钮，设置扩图大小为1.5x，再选择扩图比例为"原始比例"，如图4-42所示。然后在输入框内输入提示词，如果不输入提示词，即梦将基于原图自动生成，最后单击"扩图"按钮即可，如图4-43所示。

图 4-41

图 4-42

图 4-43

（3）如图4-44所示便是扩图后的图片，图片比原图尺寸更大并且按提示词需求增添了飞鸟。

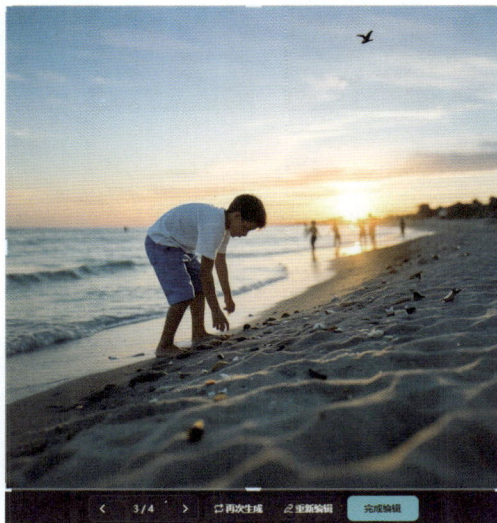

图 4-44

5. 消除笔

使用"消除笔"可以精准抹除图片中不想要的物体，从而快速优化画面。

（1）单击智能画布界面上方的 按钮，如图4-45所示。

图 4-45

（2）用画笔涂抹需要消除的地方或单击 按钮选择图层，再单击"消除"按钮即可，如图4-46所示。如图4-47所示便是使用"消除笔"功能消除路人后的图片。

图 4-46

图 4-47

6. 抠图

下面将介绍"抠图"功能。

（1）单击智能画布界面上方的 按钮，如图4-48所示。

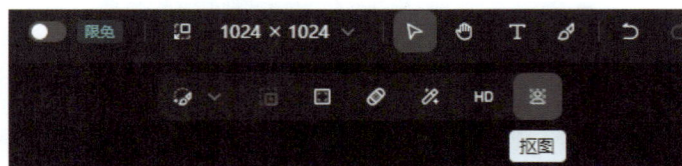

图 4-48

（2）进入"抠图"界面后，即梦AI会自动识别需要抠图的对象。如果对选取的对象不满意，可单击 按钮，用画笔涂抹需抠像的部分或单击 按钮快速选择图层。最后单击"抠图"按钮，即梦AI会自动抠出选中的图像，如图4-49所示。如图4-50所示是经过抠图处理后的图片，将原图中的小男孩完全"抠"出来了。

图 4-49

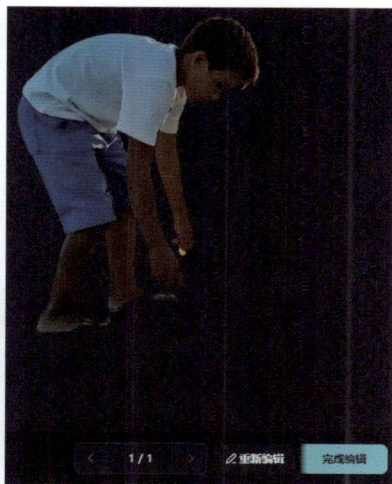

图 4-50

4.3　AI视频：智能高效，轻松生成创意短片

4.3.1　视频生成：文图秒变视频，轻松拿捏创意

即梦AI能通过AI技术一键生成高质量的短视频，大幅降低剪辑门槛，让普通用户也能快速制作出专业级的内容，显著提升创作效率，是自媒体运营和内容变现的强力工具。

1. 图片生视频

"图片生视频"功能支持用户上传单张或多张图片，能生成动效流畅的视频。

（1）单击即梦AI首页的"视频生成"按钮，再单击"图片生视频"按钮，如图4-51所示，接着单击"上传图片"按钮，上传本地图片，如图4-52所示。

（2）然后在输入框内输入提示词，单击 按钮，设置"视频模型"为"视频S2.0"，再调整"生成时长"为5s、"视频比例"为"自动匹配"，最后单击"生成视频"按钮，即可自动生成视频，如图4-53和图4-54所示。

图 4-51

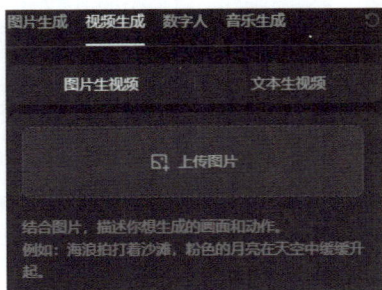

图 4-52

图 4-53

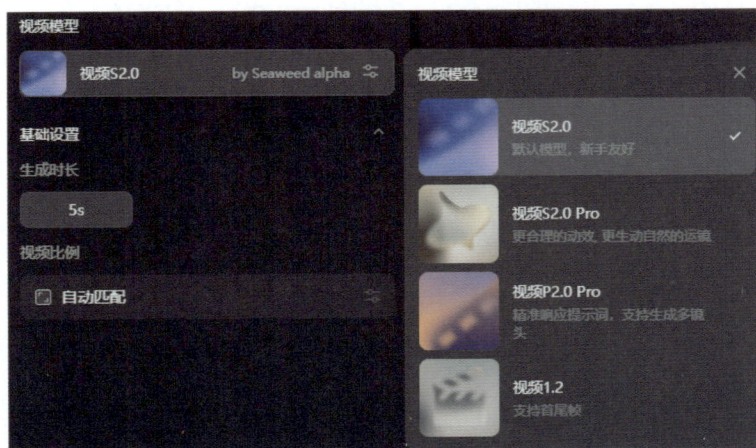

图 4-54

（3）如图4-55所示便是即梦AI生成的"秋日麦田里奔跑的少女"唯美视频。

图 4-55

2. 文本生视频

"文本生视频"功能能根据用户输入的文本描述，生成连贯且视觉效果丰富的视频片段。

（1）在"视频生成"界面单击"文本生视频"按钮，在输入框内输入提示词。如果需要灵感，可以单击"DeepSeek-R1"按钮，让DeepSeek生成提示词，如图4-56所示。

（2）接着设置"视频模型"为"视频S2.0"。再调整"生成时长"为5s，然后设置"视频比例"为16：9，最后单击"生成视频"按钮，即可自动生成视频，如图4-57所示。

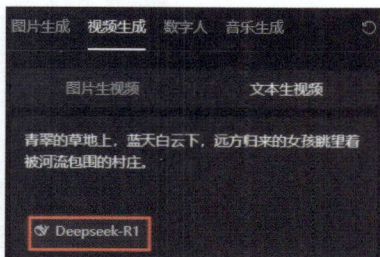

图 4-56

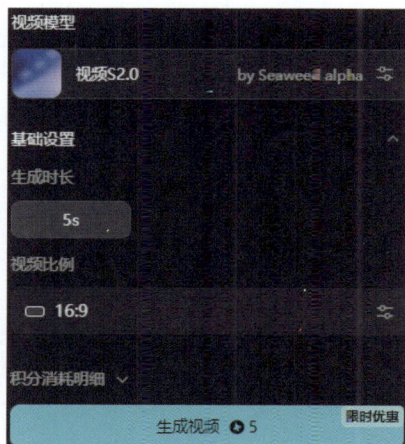

图 4-57

（3）如图4-58所示便是即梦AI生成的"女孩眺望被河流包围着的村庄"唯美视频。

图4-58

4.3.2 音乐生成：不懂乐理也能制作心仪的音乐

即梦AI能通过AI算法快速定制个性化音乐，解决创作者配乐版权和风格匹配难题，显著提升视频专业度和传播效果，是内容创作的智能配乐助手。

1. 人声歌曲

使用"人声歌曲"功能可以一键生词、润色，快速生成人声歌曲。

（1）单击即梦AI首页左侧的"音乐生成"按钮，如图4-59所示。

（2）单击"人声歌曲"按钮，在输入框内输入歌词，然后单击"一键润色"按钮，即梦AI会自动帮你润色并生成歌词，如图4-60所示。

（3）接着选择合适的曲风、心情和音色分别为"民谣""快乐""女声"，最后单击"立即生成"按钮，如图4-61和图4-62所示。

（4）如图4-63和图4-64所示便是即梦AI生成的曲风欢快的田野间的丰收欢歌。

图4-59

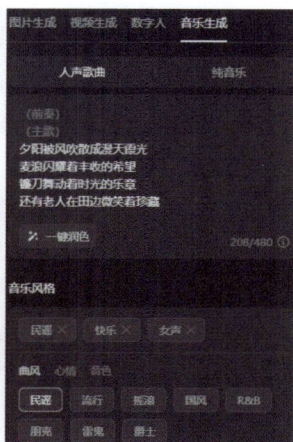

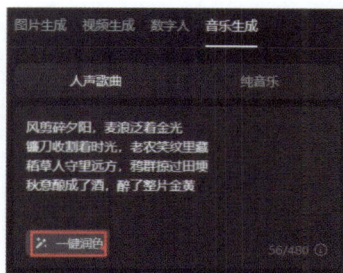

图 4-60　　　　　　　　　图 4-61　　　　　　　　　图 4-62

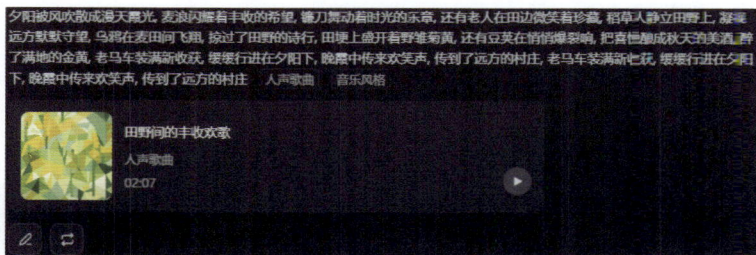

图 4-63

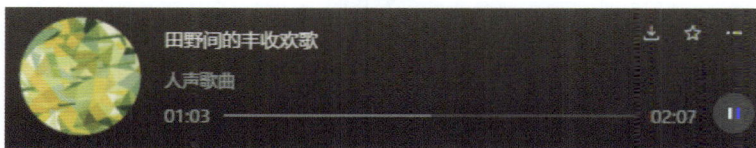

图 4-64

2. 纯音乐

"纯音乐"功能可以根据用户描述的要求，生成适合的纯音乐。

（1）在"音乐生成"界面中单击"纯音乐"按钮，在输入框内输入提示词，如图4-65所示，接着滑动滑块▉设定生成时长，最后单击"立即生成"，如图4-66所示。

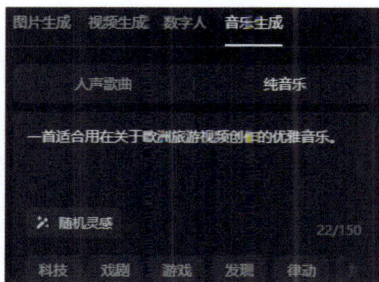

图 4-65

（2）如图4-67和图4-68所示便是即梦AI生成的用于欧洲旅游视频的优雅纯音乐。

图 4-66

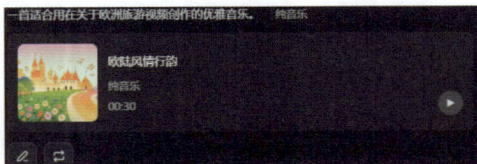

图 4-67

图 4-68

4.3.3　故事创作：用镜头创作一整个世界

即梦AI能通过AI生成创意剧本和文案，帮助用户快速产出优质故事，降低创作门槛，提升内容吸引力，是短视频、网文创作的灵感引擎。

（1）单击即梦AI首页上方的"故事创作"按钮，如图4-69所示。

图 4-69

（2）再单击"创建空白分镜"按钮，如图4-70所示。

图 4-70

（3）在分镜文本框内输入提示词，然后单击"做视频"按钮，如图4-71所示。

（4）单击 按钮，设置"视频模型"为"视频S2.0"，调整"生成时长"为5s，设置"视频比例"为16∶9，最后单击"生成视频"按钮，即可生成5s的视频镜头。如果需要控制视频开头走向，可

图 4-71

以单击"添加首帧图片"按钮，上传图片作为视频开头，如图4-72所示。

（5）如图4-73和图4-74所示便是生成的分镜1镜头。

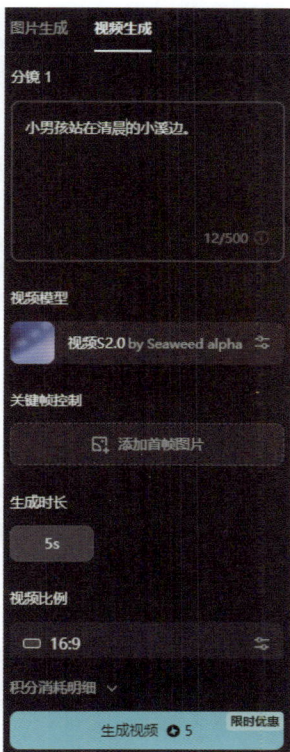

图 4-73

图 4-72

图 4-74

（6）单击"创建空白分镜"按钮，重复制作分镜1的步骤，创作分镜2和分镜3。即梦AI会自动将所有分镜合并成完整的视频，如图4-75所示。

图 4-75

（7）再单击页面右上角的"导出"按钮，如图4-76所示。

（8）接着单击"导出成片"按钮，如图4-77所示，输入名称，再打开"格式"下拉列表调整视频格式为MP4，最后单击"导出"按钮，如图4-78所示。

图 4-76

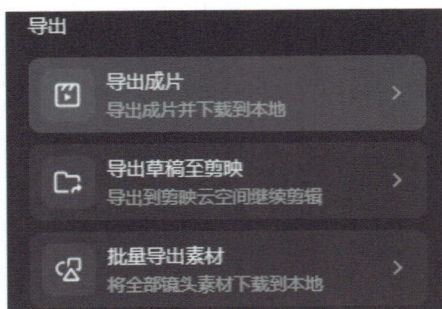

图 4-77

（9）如图4-79所示便是导出的视频，即梦AI将所有分镜镜头合并成了一个完整的故事。

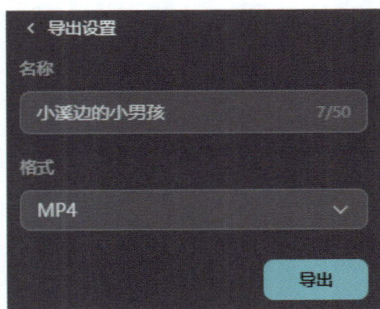

图 4-78

图 4-79

4.4　数字人功能

4.4.1　对口型：让图片人物"开口说话"

即梦AI能通过AI音画同步技术，让用户轻松实现精准口型匹配，大幅降低配音视频的制作门槛，提升内容的真实感和表现力，是短视频创作的智能配音神器。

（1）单击即梦AI首页的"对口型"按钮，如图4-80所示。

图 4-80

（2）先单击"导入角色图片/视频"按钮，上传图片或者视频，如图4-81所示，然后选择"生成效果"为"大师"，如图4-82所示。

图 4-81

图 4-82

（3）在输入框内输入口播文案，单击 按钮，设定"朗读音色"为"活泼女孩"，滑动滑轮 ，设置"说话速度"为1x，最后单击"生成视频"按钮，如图4-83所示。

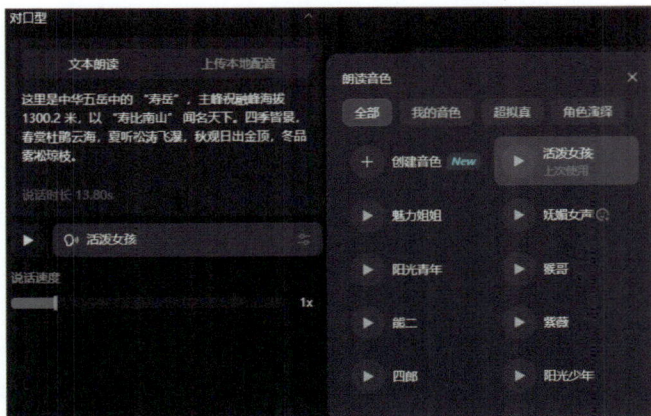

图 4-83

（4）如图4-84和图4-85所示便是生成的数字人对口型视频，从视频中可以看出角色的口型与文本基本上完美适配。

图 4-84

图 4-85

4.4.2 动作模仿：让图片人物"动起来"

"动作模仿"功能通过AI实时捕捉人体动作并同步到虚拟形象，让用户零基础完成画面动作动态化，大幅降低动作类内容的创作门槛。

（1）单击即梦AI首页上方的"动作模仿"按钮，如图4-86所示，再单击"导入人物图片"按钮，上传人物图片，如图4-87所示。

图 4-86

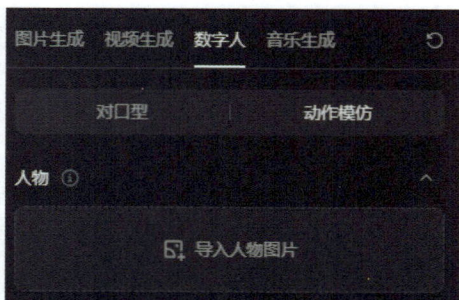

图 4-87

（2）选择预设动作模板，如图4-88所示，最后单击"生成视频"按钮，即梦AI便会自动生成视频。

（3）如图4-89和图4-90所示便是即梦AI生成的动作模仿视频，生成的视频中的人物完美模仿了模板视频的动作。

图 4-89

图 4-88

图 4-90

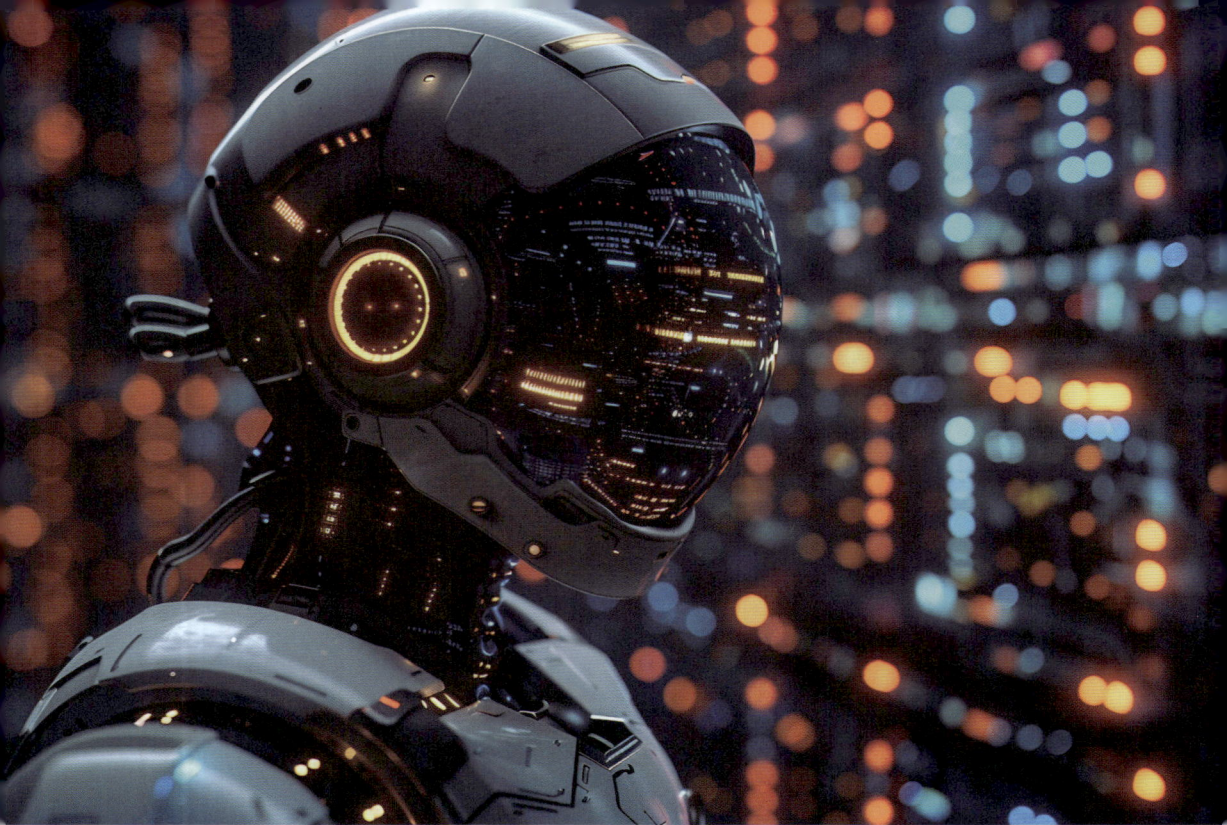

第 **5** 章

即创：一站式电商智能创作平台

在时代蓬勃发展的当下，电商行业面临着前所未有的机遇与挑战。让自家产品脱颖而出以及精准把握消费者心理，成了电商商家亟待解决的问题。即创平台应运而生，它整合前沿科技与海量数据，不仅能洞察市场趋势，而且更了解电商需求。无论是初涉电商的新手，渴望迅速搭建起吸睛店铺，还是资深卖家，力求突破营销瓶颈、打造爆款，即创都能提供全链路的智能创作方案，让大家开启轻松、高效的电商之旅。

5.1　认识即创

即创，作为抖音推出的一站式智能电商创作平台，集AI视频创作、图文创作和直播创作功能于一身。它能快速生成脚本、视频、数字人、配音等，还能智能设计图文、直播背景。在电商竞争激烈的当下，即创是商家提升创作效率、增强竞争力的得力助手。

5.1.1　即创的功能介绍

即创专为电商领域内容生产设计，其核心功能是通过AI技术重构视频、图文与直播创作流程，以下为具体解析。

1. 智能视频创作引擎

即创支持从文本到视频的全流程自动化生成。用户输入商品ID、产品名称或核心卖点，系统即可自动生成包含口播脚本、分镜设计、数字人形象及配音的完整视频内容，分辨率支持1080P及以上，适配抖音平台的推荐算法逻辑。其核心技术包括多模态内容融合算法，可自动匹配商品特性与热门视频模板，实现场景化内容生成；数字人驱动技术支持3500以上虚拟形象库，覆盖多行业多风格需求，解决真人演员的成本与效率瓶颈。

2. AI脚本生成系统

即创的脚本生成功能聚焦电商与营销场景，提供视频脚本、直播脚本及分镜脚本的智能生成服务。用户输入商品信息、活动优惠或直播主题，系统基于行业数据与用户画像，自动提炼产品卖点、用户痛点及营销话术，生成结构化脚本框架。视频脚本支持动态调整时长（15秒至3分钟），直播脚本涵盖开场话术、互动设计、产品讲解及促单环节，适配抖音电商的流量运营逻辑，帮助用户快速搭建内容框架。

3. 智能图文设计工具

即创的图文创作模块支持商品卡、海报、信息流广告等静态内容的批量生成。用户上传商品图片或输入商品ID，系统自动识别产品特征，智能替换背景、添加营销边框及动态标签，生成符合平台规范的电商视觉素材。其核心能力包括：多尺寸模板适配（如抖音商品卡、朋友圈广告等）、智能配色与排版算法、动态文字特效集成，可一键生成带促销信息的高点击率图文内容，提升广告素材的规模化生产效率。

4. 直播场景智能工具

即创针对直播场景推出背景设计与脚本生成功能。用户输入直播主题或商品

ID，系统自动生成直播间背景样式，支持虚拟场景搭建、品牌元素植入及动态特效添加；直播脚本功能则根据商品信息、活动玩法及营销节点，生成包含开场、互动、产品演示、优惠发放的全流程话术，适配抖音直播的节奏与话术体系。此外，平台支持直播素材的实时剪辑与推流，帮助主播快速调整内容策略，提升直播转化率。

5. 行业级内容解决方案

即创针对电商、本地生活、短剧等垂直领域提供定制化工具。在电商场景中，"商品卡智能设计"与"短视频批量生成"功能可单日产出数千条素材，大幅降低人力成本；本地生活领域支持POI信息自动抓取，生成带门店定位的探店视频；短剧创作模块提供剧本生成、分镜规划及演员匹配服务，将从剧本到成片的周期缩短。平台还开放API接口，支持第三方应用集成视频生成能力，赋能企业级内容生产。

5.1.2 登录即创

下面是登录即创的具体操作步骤。

（1）在浏览器中搜索并进入即创官网，单击右下方的"注册"按钮注册账号，如图5-1所示。

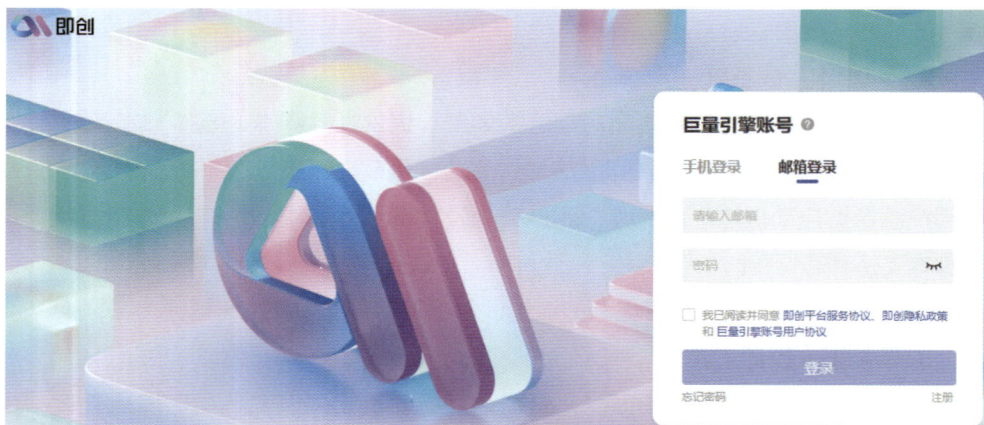

图 5-1

（2）共有两种注册方式，一种是手机注册，先输入手机号，单击"发送验证码"按钮，再输入手机上收到的验证码，接着单击"注册"按钮，便可成功注册账号，然后勾选"我已阅读并同意服务、用户协议和隐私条款"按钮，最后单击"同意登录"按钮，即可登录即创，如图5-2和图5-3所示。

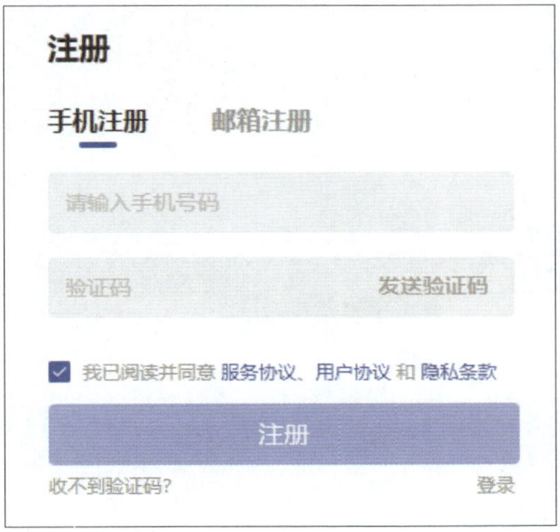

图 5-2

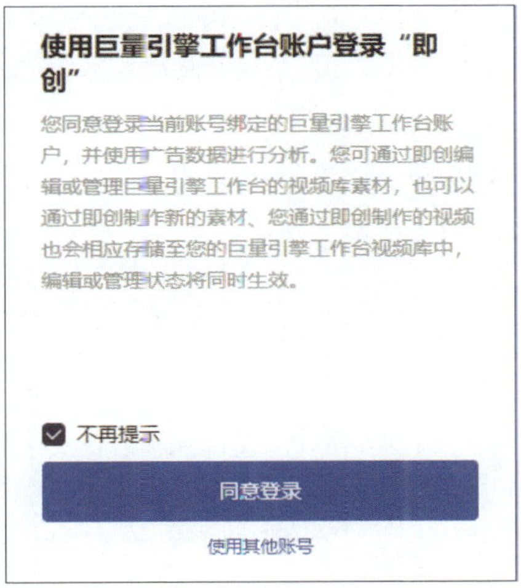

图 5-3

（3）另一种是邮箱注册，先输入邮箱地址，然后设定密码和确认密码，接着单击"发送验证码"按钮，输入邮箱收到的验证码，接着勾选"我已阅读并同意服务协议、用户协议和隐私条款"复选框，最后单击"注册"按钮，即可成功注册账号，不过还需要绑定手机账号才能登录即创，如图5-4和图5-5所示。

图 5-4

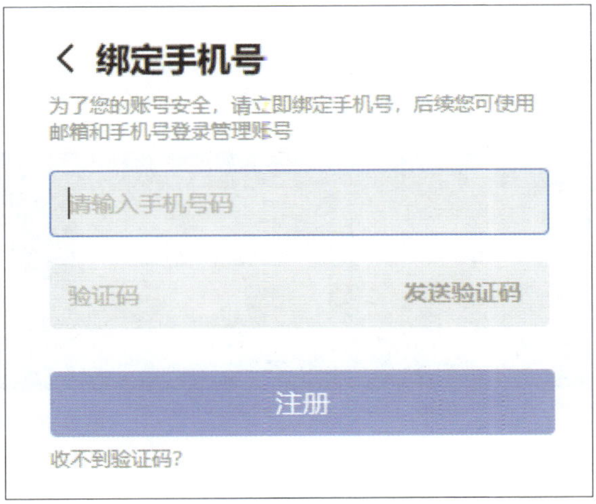

图 5-5

5.1.3 即创的基础页面介绍

下面将介绍即创的基础页面，共分为4个部分：核心功能区域、社区资源区域、服务市场区域和侧边栏，如图5-6所示。

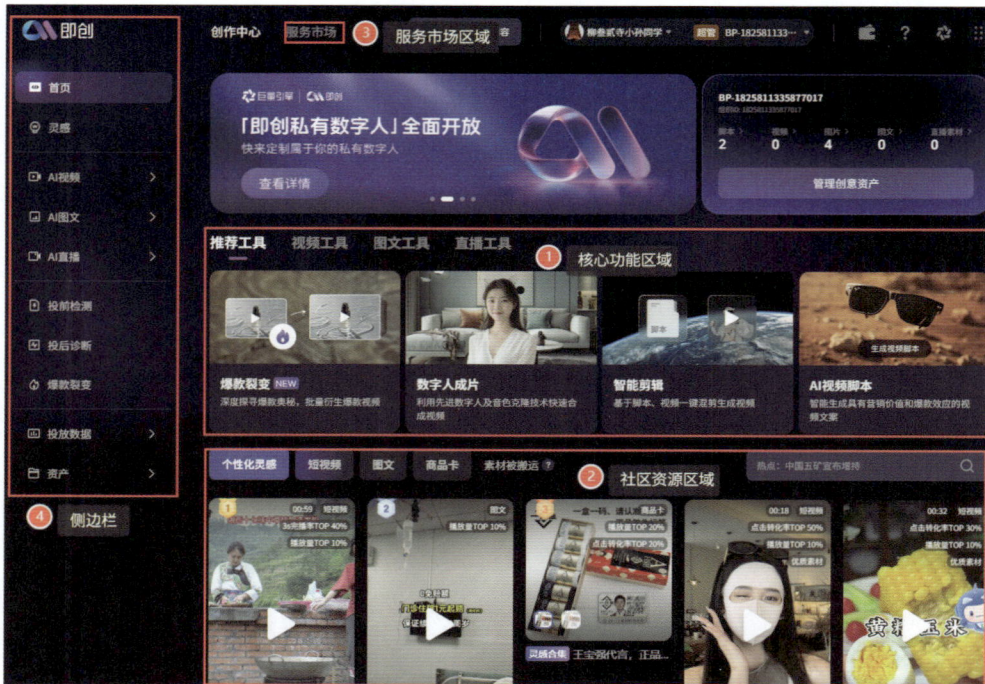

图 5-6

1. 核心功能区域

在这里能使用即创的核心创作功能，如图5-7所示。

图 5-7

爆款裂变：通过分析市场数据，自动生成热门内容方向，帮助创作者快速响应流量趋势，提升内容传播力。

数字人成片：提供虚拟形象库，输入脚本或上传音频即可一键生成带配音的短视频。

智能剪辑：可自动剪辑素材并添加特效、音乐，提供"一键成片"按钮和"高阶定制"按钮双模式，满足批量生产与个性化需求。

AI视频脚本：基于商品信息和行业分类，自动生成包含分镜、台词的短视频脚本，降低内容创作门槛。

2. 社区资源区域

即创的社区资源区域是一个集创意灵感、行业资源、协作工具于一体的生态平台，围绕"爆款内容生产"与"效率提升"两大核心目标，为创作者提供从素材获取到作品优化的全链路支持，如图5-8所示。

图 5-8

3. 服务市场区域

即创的服务市场是一个由AI驱动的创意资源超市，专为电商、自媒体等领域的内容创作者提供一站式智能生产工具，如图5-9所示。

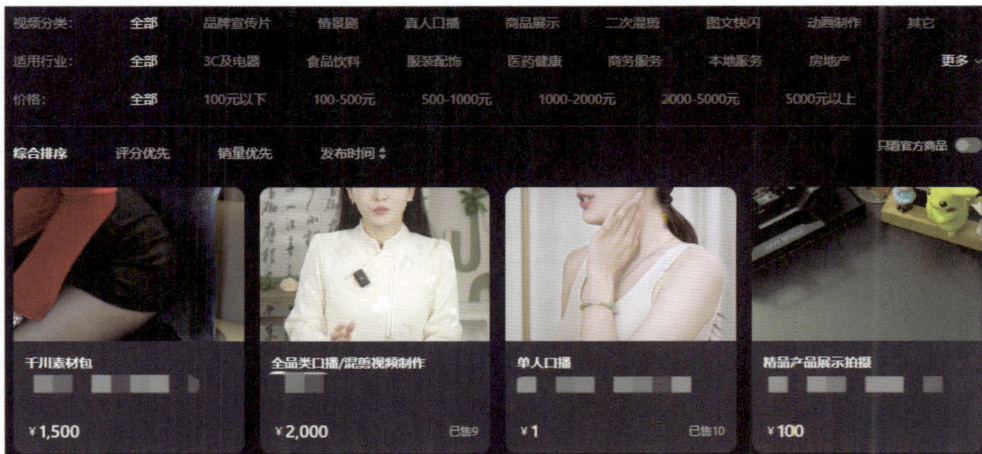

图 5-9

4.侧边栏

侧边栏包括即创的各种辅助功能，如图5-10所示。

首页：单击"首页"按钮能迅速回到即创首页。

灵感：单击"灵感"按钮能迅速进入社区资源区域。

AI视频：输入商品ID或关键词，AI自动生成带数字人、脚本、特效的短视频。

AI图文：自动生成商品卡、海报等图文素材，支持智能排版与卖点提炼。

AI直播：快速生成直播间背景、脚本和互动话术，支持虚拟主播。

投前检测：智能审核内容的合规性，预测投放风险与效果。避免因违规导致的限流或封号，提升广告素材通过率。

投后诊断：分析投放数据，提供具有针对性的优化建议。

投放数据：实时展示播放量、点击率、转化率等关键指标，支持多维度分析。直观地了解广告效果，快速决策是否追加预算或调整定向。

资产：管理素材、模板、数字人等资源，支持团队协作与品牌资产调用。

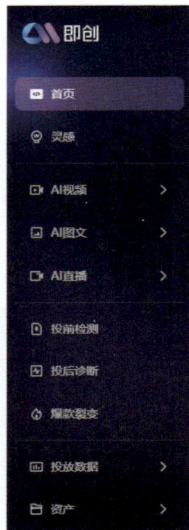

图 5-10

5.2 商品卡工具：秒做商品卡，带货超吸睛

即创的"商品卡工具"是电商创作者的高效利器。只需输入商品信息，系统即可智能替换商品背景并设计营销边框，一键生成专业级商品展示素材。它能显著提升商品在广告、详情页等场景中的吸引力，有效降低设计成本与时间投入。

5.2.1 智能生成：制作画面诱人的豆乳饼商品工具卡

"智能生成"功能能帮助商家迅速制作商品工具卡。

（1）单击即创首页的"图文工具"按钮，再单击"商品卡工具"下方的"立即体验"按钮，进入相应的设置界面，如图5-11所示。先在"商品信息"输入框内输入商品URL链接或商品ID，如果不满意可单击🗑按钮删除商品，如果满意可进一步单击✏按钮编辑商品信息，如图5-12所示。

（2）在"候选商品图"板块选择商品链接包含的图片，也可单击➕按钮上传新的图片。然后分别填写商品价格、商品名称和商品卖点，单击"确定"按钮，如图5-13所示。

图 5-11

图 5-12

（3）接着选择"风格灵感"为"系统推荐"，选择"营销元素"为"系统推荐"，最后单击"立即生成"按钮，如图5-14所示。

图 5-13

图 5-14

（4）如图5-15至图5-18所示便是即创生成的全麦紫薯豆乳饼商品工具卡。

图 5-15

图 5-16

图 5-17

图 5-18

（5）在生成结果界面单击"编辑"按钮，可以对商品工具卡继续美化，单击"保存"按钮，可将商品工具卡保存在即创的图片库里或直接保存并推送到抖音电商，如图5-19所示。

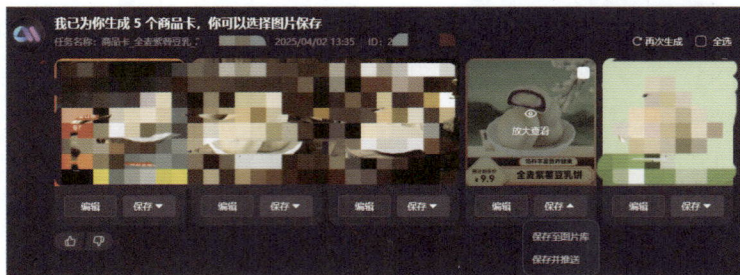

图 5-19

5.2.2　一键裂变：为推广带来无限可能

"一键裂变"功能能依据热门商品工具卡智能生成多个版本的商品工具卡，为商品推广带来更多可能。

（1）进入"商品工具卡"选项卡，单击"一键裂变"按钮，再单击"导入参考图"按钮，如图5-20所示。

（2）共有两种导入参考图的方法。一种方法是单击"本地上传"按钮，然后单击"点击上传或拖拽[文件]到此处"按钮上传本地文件或将

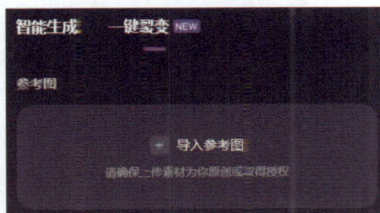

图 5-20

文件拖至框内，也可以单击"点击上传或拖拽[文件夹]到此处"按钮上传文件夹或拖文件夹至框内，如图5-21所示。等上传成功后单击"确定"按钮，如图5-22所示。

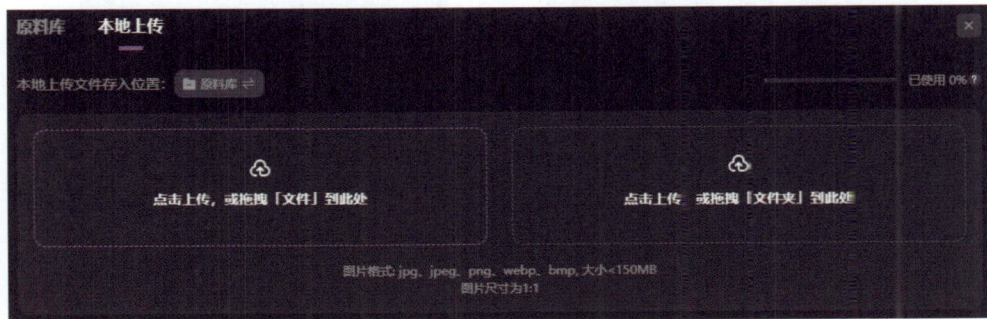

图 5-21

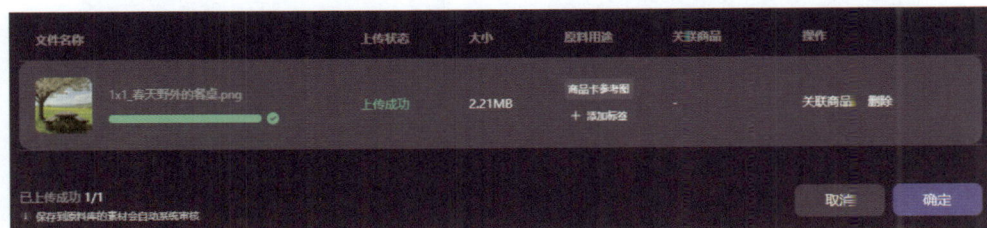

图 5-22

（3）另一种方法是单击"原料库"按钮，进入"原料库'界面，勾选 复选框，然后单击"确定"即可，如图5-23所示。

（4）导入成功后，根据需求分别勾选"背景风格"和"布局及营销元素"复选框，最后单击"立即生成"按钮，如图5-24和图5-25所示。

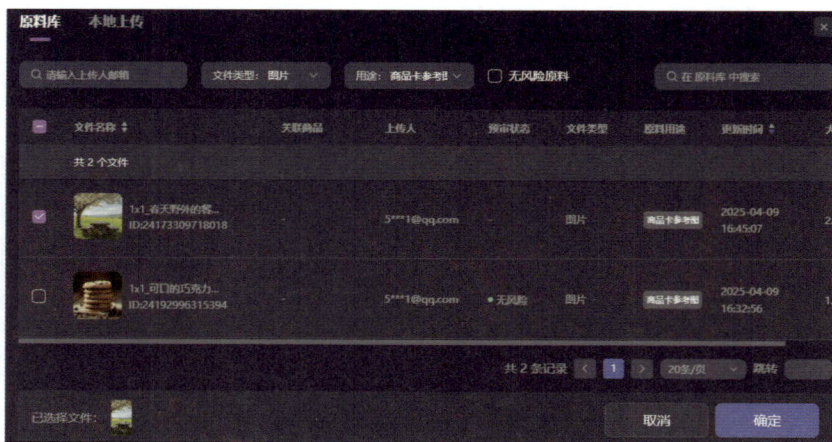

图 5-23

图 5-24

图 5-25

（5）如图5-26所示便是一键裂变生成的商品工具卡，可单击"保存"按钮，保存商品工具卡，单击"编辑"按钮，可继续编辑商品工具卡。

图 5-26

5.3　直播间装修：制作产地溯源的热卖水果直播间

使用"直播间装修"功能，电商商家只需输入商品ID和直播主题，便可一键生成直播背景样式。不仅能有效提升直播的专业性、吸引力和互动性，而且能助力商家吸引电商消费者，帮助主播打造优质的直播。

（1）单击即创首页的"直播工具"按钮，再单击"直播间装修"下方的"立即体验"按钮，如图5-27所示，在"商品信息"输入框内输入商品 URL 或商品 ID，选择"产地溯源"作为直播主题，如图 5-28 所示。

（2）再分别填写直播标题和副标题，单击"展开更多预设项"按钮，如图5-29所示。

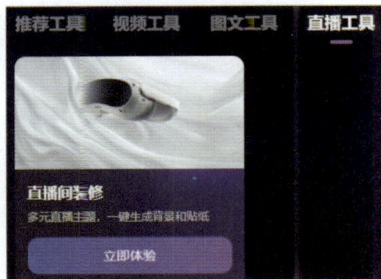

图 5-27

图 5-28

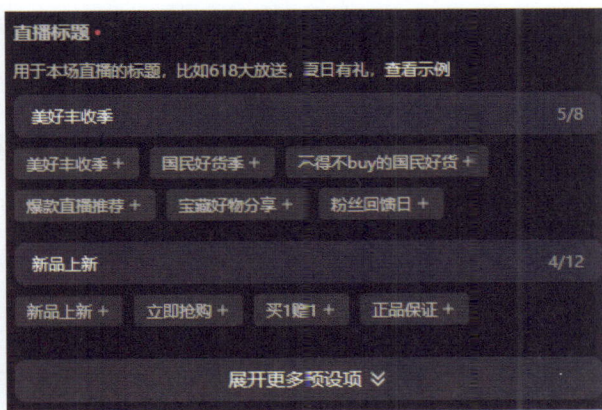

图 5-29

（3）在"场景风格"板块分别调整"色调"为"蓝"、"场景"为"春季"，然后填写优惠贴纸，接着设置"天气贴纸"为"智能配置"、"主播尺码贴纸"为"不需要"，最后单击"立即生成"按钮，如图5-30所示。

（4）如图5-31所示便是生成的直播间效果展示，用户可继续对直播间进行修改，还可以单击"保存至资产库"按钮将其保存至即创内或单击"保存并推送至直播伴侣"按钮将其保存并推送到抖音直播的软件内。

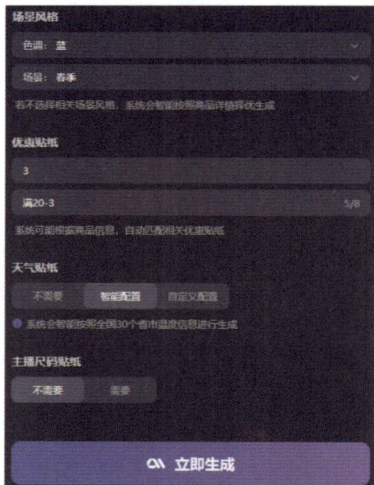

图 5-30

图 5-31

5.4 AI视频功能

即创的"AI视频"功能是电商视频智能创作平台的核心功能，它能节省创作时间和成本，提升创作效率，降低制作门槛，助力电商等行业快速产出高质量的视频。

5.4.1 AI视频脚本生成：脚本不需想，一键生成美味馅饼文案

依据用户输入的商品信息生成短视频脚本，用户只需选择行业类别，输入相关内容。"脚本生成"功能可提高创作效率，助力电商从业者产出优质内容。

（1）单击即创首页上方的"视频工具"按钮，再单击"AI视频脚本"下方的"立即体验"按钮进入其界面，如图5-32所示。

图 5-32

(2) 在"脚本生成"界面选择"电商"选项卡,设置"推广场景"为"短视频带货",分别输入商品信息和商品卖点,再设置"脚本风格"为"不限",如图5-33所示。

(3) 接着分别设置优惠活动、适用人群、用户痛点和适用场景的提示词,调整"脚本字数"为"自动匹配",最后单击"立即生成"按钮,即可生成视频脚本,如图5-34所示。

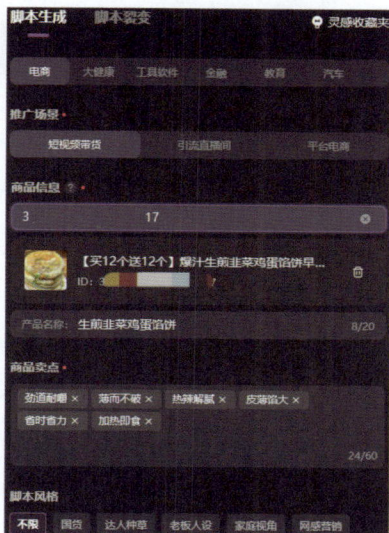

图 5-33

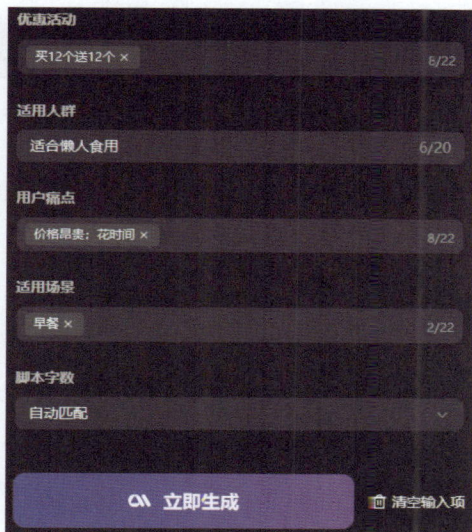

图 5-34

(4) 如图5-35和图5-36所示便是即创生成的关于"生煎韭菜鸡蛋馅饼"的视频口播脚本。单击"快速成片"按钮,即创即可自动根据脚本生成视频,还可以单击"保存至脚本库"按钮将脚本保存,单击"编辑"按钮可对脚本继续编辑,单击"复制"按钮可复制脚本。

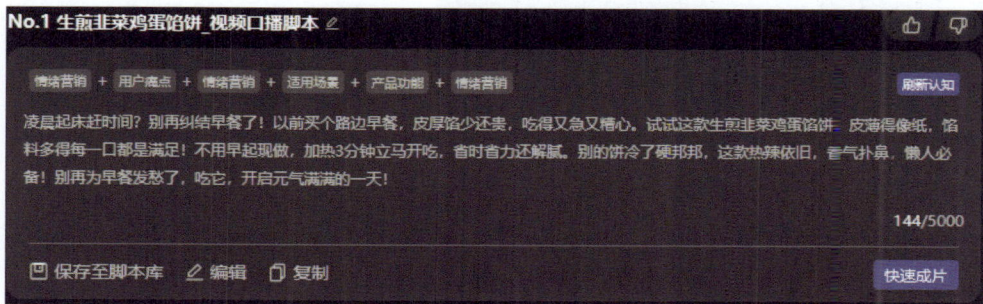

图 5-35

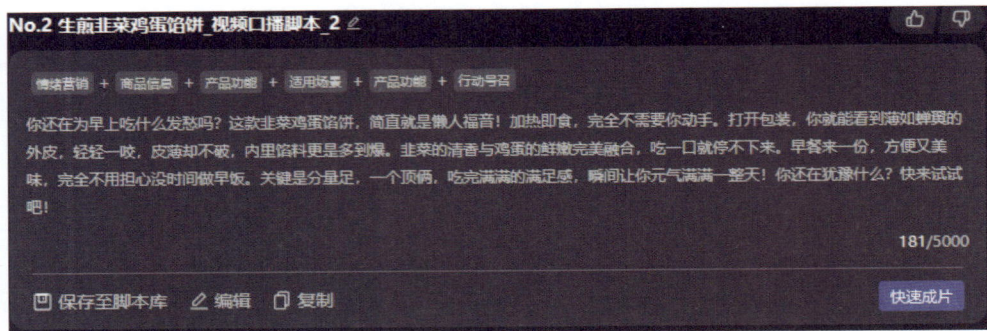

图 5-36

5.4.2 AI视频脚本裂变：仿写爆款脚本，生成面包文案

"脚本裂变"功能可以根据热门主题一键生成多种脚本，助力创作者提升内容影响力。

（1）在"AI视频脚本"界面内单击"脚本裂变"按钮，将生成的脚本文案输入到"参考脚本"输入框内，也可以单击"提取视频文案"按钮，将视频文案自动复制并粘贴到输入框内，如图5-37所示。

（2）接着分别输入产品信息和产品卖点，最后单击"立即生成"按钮，如图5-38所示。

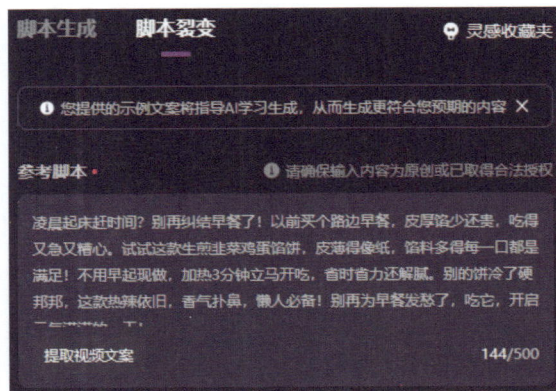

图 5-37

图 5-38

（3）如图5-39所示便是进行脚本裂变后的视频脚本。

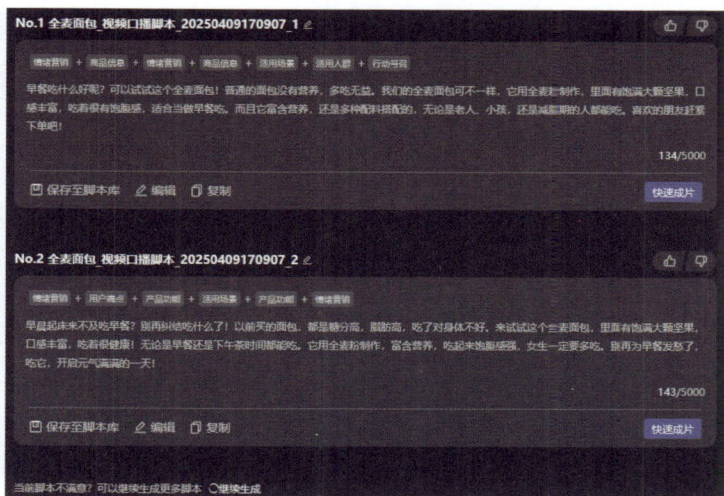

图 5-39

5.4.3　智能剪辑：不会剪辑也能生成旅游带货视频

即创的"智能剪辑"功能可以对素材进行智能组合，从而提升创作效率，降低创作门槛，助力电商从业者快速产出优质的视频。

（1）单击即创首页上方的"视频工具"按钮，再单击"智能剪辑"下方的"立即体验"按钮，如图5-40所示。

图 5-40

（2）单击"添加视频"按钮，上传视频素材，如图5-41所示，接着在"脚本字幕"输入框内输入脚本。如果没有灵感，可以单击"帮我写脚本"按钮，让即创帮你写脚本，或者单击"从脚本库获取"按钮，复制并粘贴用即创生成过的脚本，如图5-42所示。

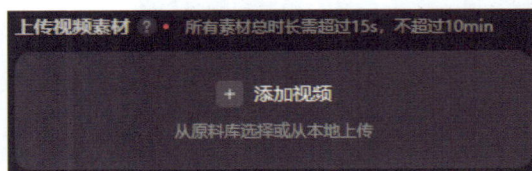

图 5-41

图 5-42

（3）然后单击"字幕样式"按钮，进入配置界面，选择适合视频的字体，勾选"应用行样式到全部"复选框，如图5-43所示。

图 5-43

（4）单击"配音"按钮，进入"配音"选项卡，选择喜欢的音色，通过滑动滑块■或单击■和■按钮调节音色音量和倍速，如图5-44所示。

（5）单击"音乐"按钮，进入音乐选项卡，单击"系统智能匹配"按钮，调节音乐的音量，可根据需求添加花字和图片，最后单击"保存"按钮。如果需要更多地装饰视频，可以单击"花字"和"图片"按钮，在视频中增加花字和图片，如图5-45所示。

图 5-44

图 5-45

（6）设置"视频比例"为16：9，设置"视频包装风格"为"不限"，最后单击"立即生成"按钮，如图5-46所示。

（7）如图5-47和图5-48所示便是利用即创进行智能剪辑的视频。

（8）单击"下载"按钮将视频下载到本地，也可以单击"保存"按钮将视频保存至即创。如果对效果不满意，可单击"再次生成"按钮，重新生成视频，如图5-49所示。

图 5-46

图 5-47

图 5-48

图 5-49

第 **6** 章

可灵 AI：创意新手也能迸发无限脑洞

在创意领域，新手往往因缺乏经验与工具导致灵感难以落地。可灵AI的出现，彻底打破了这一困局。它能精准理解任何奇思妙想，将简单的文字描述转化为震撼的视觉作品。不管是奇幻的文生视频、赋予静态图片生命的图生视频，还是智能续写视频情节，它都能游刃有余。即便是毫无创作基础的新手，也能借助可灵AI轻松开启创意之旅，让灵感绽放无限可能。

6.1 认识可灵AI

可灵AI是快手推出的新一代AI创意生产力平台。它基于快手公司自研的大模型，能将文字描述转化为精美的图片与视频，涵盖多种风格。在商业领域，它可以助力商家降本增效，创作吸睛的营销素材；对创作者而言，它是激发灵感、将脑洞落地的得力助手，能让创意表达更轻松。

6.1.1 可灵AI的功能介绍

可灵AI依托可灵大模型与可图大模型，构建了覆盖视频、图片生成与编辑的全流程解决方案，其核心功能是通过技术创新与场景化设计，为创作者提供从灵感落地到商业变现的高效路径。

1. 多模态视频生成引擎

可灵AI支持文生视频、图生视频与视频续写三大核心能力。在文生视频场景中，用户输入文本指令，系统即可生成1080P分辨率、30帧/秒的动态内容，通过自研的3D时空注意力机制，精确模拟复杂的运动与场景变化；图生视频功能则可将静态的图片转化为动态影像，例如通过添加特效与镜头运镜使画面"活"化；视频续写功能允许用户基于已有片段生成后续内容，系统自动延续运动轨迹并补充环境细节，总时长可达3分钟。

2. AI模特与虚拟试穿系统

可灵AI推出的"AI模特"功能重构了电商视觉生产流程。用户通过输入性别、年龄、肤色等参数，系统快速生成定制化模特形象，支持多维度个性化调整。结合"AI换装"技术，用户上传服装图片后，AI可自动匹配模特姿势与服装版型，实现无缝换装效果，保留布料褶皱与光影变化。动态视频生成功能还进一步支持模特360°旋转展示，满足商品展示需求。

3. 智能图像创作工具

可灵AI的图片生成模块支持文生图与图生图双向交互。在文生图场景中，输入文本描述，AI可生成多种尺寸、风格的创意图片，并支持多版本变体选择。图生图功能则允许用户上传参考图进行风格迁移，例如将水墨画转化为3D卡通风格，或为照片添加电影级调色滤镜。此外，"一键生成视频"功能可将静态的图片序列转化为动态影像，提升内容复用效率。

4. 物理仿真与影视级渲染

可灵AI的核心技术突破体现在对物理规律的模拟与细节渲染能力。其采用类

Sora的DiT架构与Flow扩散模型基座，能够精确捕捉毛发飘动、流体运动等复杂的动态。例如，在生成"风吹动窗帘"的视频时，AI可计算布料的重力与空气阻力，使褶皱变化自然、逼真。在光影处理上，自研的3D VAE技术支持HDR色彩增强与宽银幕比例适配，实现影视级画面质量。

5. 行业级解决方案与生态赋能

可灵AI针对电商、影视、教育等领域推出了定制化工具。在电商场景中，"商品卡智能设计"功能可以自动抓取商品信息，生成带促销标签的动态海报；在影视制作中，"分镜脚本生成"模块可根据故事梗概自动规划镜头语言；在教育领域，则提供了"动态课件生成"功能，将抽象的概念转化为3D演示动画。平台还开放API接口，支持开发者将视频生成能力集成至第三方应用。

6. 多端协同与社区生态

可灵AI构建了覆盖App、Web端、快手小程序的多端矩阵。移动端支持快速生成与分享，例如通过"AI唱跳"功能，用户上传照片即可生成虚拟偶像的舞蹈视频；Web端提供专业级参数控制，支持自定义运镜、景深与帧率，满足影视级创作需求。社区"创意圈"汇聚了用户作品，用户可一键复刻热门模板。此外，平台还推出了"灵感值"激励机制，促进生态活跃。

6.1.2　登录可灵AI

下面是登录可灵AI的具体操作步骤。

（1）在浏览器中搜索并进入可灵AI官网。共有两种登录方式，一种是手机登录，先输入手机号码，再单击"获取验证码"按钮，接着输入手机收到的短信验证码，最后单击"立即创作"按钮，即可登录可灵AI，如未注册过系统将会自动注册并登录，如图6-1所示。

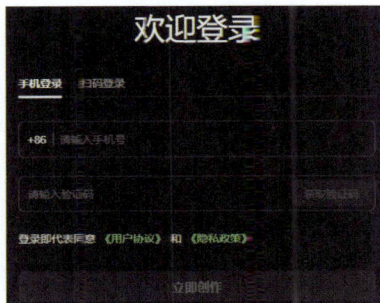

图 6-1

（2）另一种是扫码登录，打开手机上的快手App或快手极速版App，扫描登录界面中的二维码，即可自动登录可灵AI，如图6-2所示。

图 6-2

95

6.1.3　可灵AI的基础页面介绍

下面将对可灵AI的基础页面进行介绍，总共分为两部分：功能区域和资源区域，如图6-3所示。

图6-3

1. 功能区域

在功能区域里可以使用可灵AI的各种功能，如图6-4所示。

首页： 单击"首页"按钮能迅速回到可灵AI首页界面。

创意圈： 用户分享作品的社区，能看到别人的创意视频，还能点赞互动学技巧。

资产： 素材仓库，保存的生成的视频、图片和收藏的资源都在这里，可随时调用，超方便。

创意特效： 魔法工具箱，上传照片就能生成趣味视频。

AI图片： 文字变图＋智能编辑，能保持人物特征更换衣服、场景，精准控制创作细节。

AI视频： 输入文字或图片生成动态视频，还能添加特效、进行剪辑，新手也能制作大片。

AI音效： 声音百宝箱，有搞笑、紧张等音效和音乐，一键添加让视频更带感。

全部工具： 功能大集合，包括生成、剪辑、配音、API接口等，满足各种创作需求。

图6-4

2. 资源区域

资源区域分为素材区和短片区。素材区里有各种现成的资源，比如想做美食视频，这里可能有各种食材特写、烹饪过程的素材，能直接拿来用，节省自己拍摄的时间，如图6-5所示；在短片区能快速找到视频创作方向，其中有爆款参考、官方示例和学习案例等，也能看到其他用户用可灵AI制作的热门视频等，用户可直接模仿或改编，如图6-6所示。

图 6-5

图 6-6

6.2　AI图片功能：零基础也能一键生成绝美画面

可灵AI的"AI图片"功能具备强大的图片生成能力，被广泛应用于电商商品展示、广告设计、影视概念图等领域。它可以大幅提升创作效率，让创作者快速将灵感转化为图片素材；同时也能降低创作门槛，让普通用户也能轻松产出高质量的绝美图片。

6.2.1　文生图：用文字生成古风水墨画

可灵AI的"文生图"功能，能依据用户输入的文字描述，快速生成对应的创意图片。不管是奇幻场景，还是特色人物，都能精准呈现。

（1）单击可灵AI首页左侧的"AI图片"按钮，如图6-7所示。

（2）在"创意描述"输入框内输入提示词，如图6-8所示。如果需要灵感，可单击DeepSeek按钮，让可灵内置的DeepSeek帮助生成提示词；或者单击"推荐"右侧的提示词风格，可灵AI便会自动生

图 6-7

成相应的提示词；如果需要更多推荐提示词，可单击⟳按钮，对提示词进行更换，如图6-9所示。

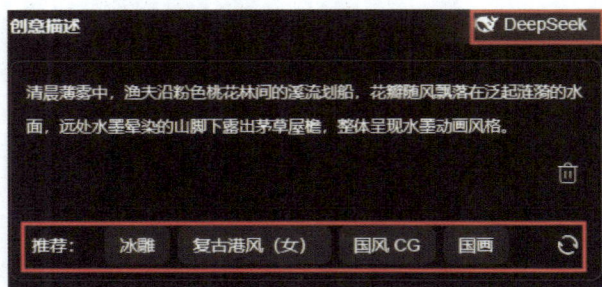

图6-8

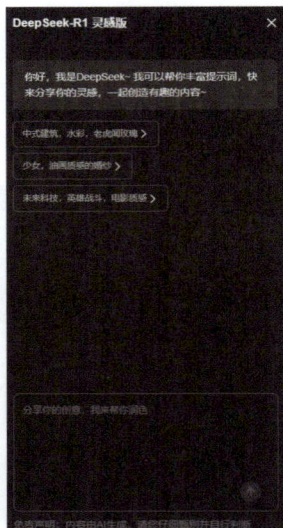

图6-9

（3）在"上传参考图"板块单击"点击/拖拽/粘贴"按钮，上传本地图片；或单击"历史创作"按钮，上传在可灵AI内生成的历史图片，如图6-10所示。上传图像的内容信息，并选择参考图控制方式，如图6-11所示。

（4）选择"通用垫图"选项，单击

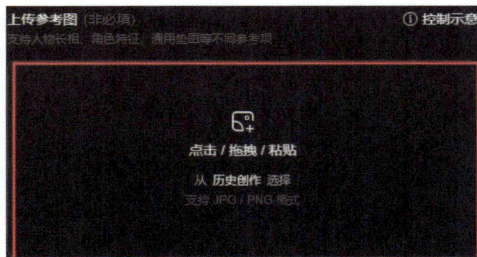

图6-10

"确认"按钮，如图6-12所示，接着滑动滑块，设置"参考强度"为50。参考强度数值越大，生成的图片与原图片越相似，如图6-13所示。

图6-11

图 6-12

图 6-13

（5）再分别调整图片比例为16：9，设置图片生成张数为"4张"，最后单击"立即生成"按钮，即可自动生成图片，如图6-14和图6-15所示。

图 6-14

图 6-15

（6）如图6-16至图6-19所示便是可灵AI生成的古风水墨图。

图 6-16

图 6-17

图6-18

图6-19

6.2.2　AI试衣：便捷高效，重塑试衣新体验

可灵AI的"AI试衣"功能依托先进的图像技术，能精准融合服装与模特图片。用户上传相应的素材，即可一键生成自然、贴合的试穿效果。它对电商等行业的意义重大，可大幅降低拍摄成本，提升商品展示效率，助力商家在竞争中脱颖而出。同时也有利于顾客线上隔空"试新衣"。

（1）单击可灵AI首页左侧的"AI图片"按钮，进入AI图片界面，再单击页面左侧的按钮，如图6-20所示进入"AI试衣"界面。

（2）先生成AI模特。设置模特的"性别"为"女"、"年龄"为"青年"，在"肤色"选项组中选择第一个肤色，然后在"模特描述"输入框内输入相应的模特提示词。如果需要灵感，可以单击DeepSeek按钮让AI帮你生成提示词，或者在"推荐"

图6-20

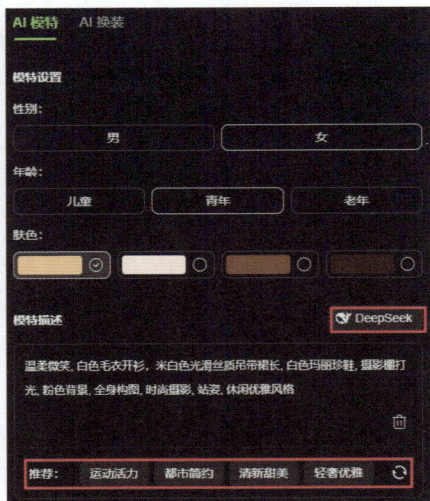

图6-21

里挑选想要的模特形象，让可灵AI生成相应的提示词，如图6-21所示。

（3）接着设置图片比例为3∶4，设置图片生成数量为"4张"，如图6-22和图6-23所示，最后单击"立即生成"按钮，可灵AI便会自动生成模特图片了。

（4）如图6-24至图6-27所示便是生成的休闲优雅风格女模特。

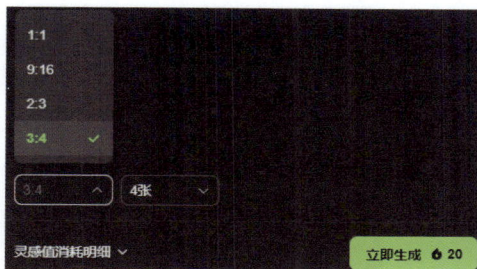

图 6-22

图 6-23

图 6-24

图 6-25

图 6-26

图 6-27

（5）然后在"AI试衣"界面内，单击"AI换装"按钮，进入"AI换装"界面，如图6-28所示。

（6）先选择合适的模特图片，单击下方的"AI模特"按钮，选择可灵AI生成的第一张模特图片，如图6-29所示。如果对可灵AI生成的模特图片不满意，可以单击"官方模特"按钮，选择官方预设的模特，如图6-30所示，也可以单击"自定义"按钮，再单击"添加模特"按钮上传本地图片，如图6-31所示。所有上传的模特图片需遵循模特规则才能达到最佳生成效果，如图6-32所示。

（7）接着上传衣服图片。单击"单件"按钮，再单击"上传单件衣服"按钮，即可上传单

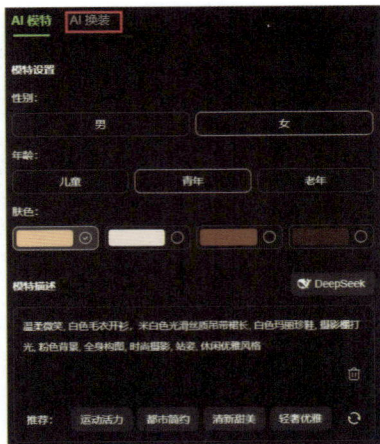

图6-28

件衣服图片，如图6-33和图6-34所示。如果需要上传多件衣服，可以单击"多件"按钮，再分别单击"上传上装"与"上传下装"按钮，即可上传多件衣服图片，如图6-35所示。此外，也可以单击"推荐"右侧的衣服图片，可灵AI会自动上传相应的衣服图片。注意：根据服装规则上传图片，才能达到最佳生成效果，如图6-36所示。

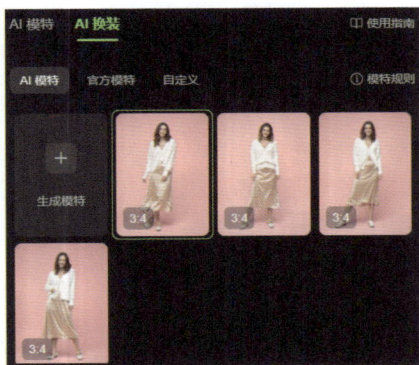

图6-29

图6-30

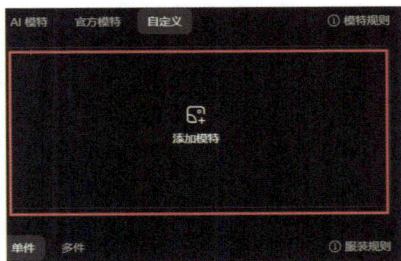

图6-31

图6-32

图 6-33

图 6-34

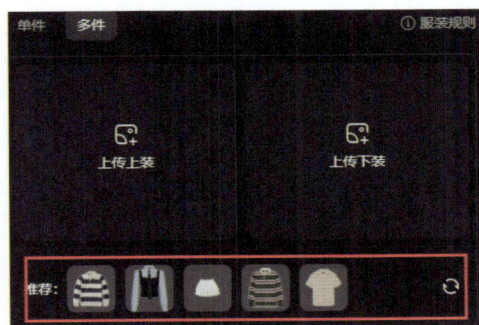

图 6-35

图 6-36

（8）设置需要生成的图片数量为"4张"，最后单击"立即生成"按钮，可灵AI便会自动为模特换装了，如图6-37所示。

（9）如图6-38至图6-41所示是换装后的模特图片。

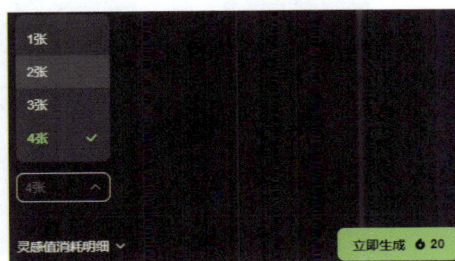

图 6-37

图 6-38

图 6-39

图 6-40

图 6-41

103

6.3 图生视频：将图片变成效果惊艳的鲜活视频

可灵AI的"图生视频"功能相当强大。不管是写实风格的照片，还是油画这类风格化的图片，它都能处理，并且还能结合文字描述精准地让画面里的元素动起来。这不仅能极大地提高创作效率，为短视频创作者、广告从业者、影视行业从业者等提供便利，而且还降低了创作门槛，让普通用户也能轻松制作出有趣的视频。

6.3.1 首尾帧：双图定调，制作首尾衔接的少年奔跑视频

选择"首尾帧"功能，上传两张图片作为视频的首帧与尾帧，可灵AI便会据此生成连贯的视频，帮助创作者精准把控视频开头与结尾画面。

（1）单击可灵AI首页左侧的"AI视频"按钮，如图6-42所示，在显示的界面中单击"首尾帧"按钮，再单击"点击/拖拽/粘贴"按钮，上传首帧图，如图6-43所示。

图6-42   图6-43

（2）接着单击"尾帧图"按钮，如图6-44所示，然后单击"点击/拖拽/粘贴"按钮，上传尾帧图，如图6-45所示。

（3）在"图片创意描述"输入框内输入提示词。如果没有灵感，可以单击DeepSeek按钮让AI协助生成提示词，或者单击"词库&预设"按钮，选择相应的提示词。如果想保存当前输入框内的提示词，可单击 按钮；如果想删除当前输入框内的提示词，可单击 按钮，如图6-46和图6-47所示。

图 6-44

图 6-45

图 6-46

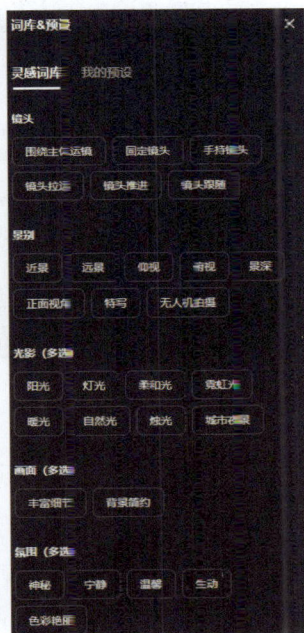

图 6-47

（4）在"不希望呈现的内容"输入框内输入提示词，如图6-48所示，设置视频品质为"高品质模式"、视频时长为10s、生成视频的条数为"2条"、"创意相关"为0.5，最后单击"立即生成"按钮，即可制作视频，如图6-49所示。

（5）如图6-50和图6-51所示便是制作好的首尾帧视频，上传的首尾帧图片能确保视频的主体基调。

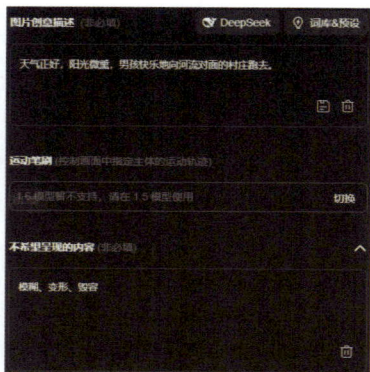

图6-48

图6-49

图6-50

图6-51

6.3.2　多图参考：精准融合图片素材，制作唯美纯爱视频

可灵AI的"多图参考"功能通过用户上传的最多4张参考图，结合文字描述可以生成融合视频。它能确保多镜头主体风格统一，实现多角色互动创作，让创作精准、可控，极大地提升了视频生成的自由度与创意性。

（1）进入可灵AI的"图生视频"界面，单击"多图参考"按钮，接着单击"上传图片"按钮，上传本地图片或者单击"历史创作"按钮，选择用可灵AI生成的图片。至少上传一张图片，至多上传4张图片，如图6-52所示。重复上传图片的操作，并上传4张图片，如图6-53所示。

（2）分别在"图片创意描述"和"不希望呈现的内容"输入框内输入提示词，如图6-54所示。接着分别设置视频品质为"高品质模式"、视频时长为10s、图片比例大小为16：9、生成视频条数为"1条"，最后单击"立即生成"按钮即可制作视频，如图6-55所示。

图 6-52

图 6-53

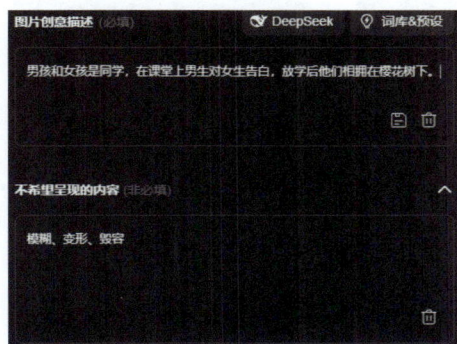

图 6-54

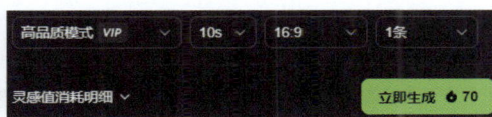

图 6-55

（3）如图6-56所示便是可灵AI制作的视频，将多张图片精准地融合在一起，生成了更好的效果。

图 6-56

6.4　创意特效："花花世界"特效让安静的建筑物动起来

可灵AI的"创意特效"功能非常有趣且实用。用户上传主体图片，选择特效，即可生成融合特效的创意视频。它能极大地提升内容的趣味性，为创作者提供新奇的表达，增强作品的吸引力与传播力。

（1）单击可灵AI首页左侧的"创意特效"按钮，如图6-57所示，选择"花花世界"特效，再单击"点击/拖拽/粘贴"按钮，上传主体物明确、轮廓清晰的建筑物照片，可灵AI便会自动融合特效进行创作，如图6-58所示。

（2）单击"生成开花图片"按钮，如图6-59所示，然后确认创意特效下图片变换的效果，再单击"确认使用"按钮，如图6-60所示。

（3）接着输入创意提示词，最后单击"立即生成"按钮，如图6-61所示，即可生成视频。

图 6-57　　　　　　　图 6-58

图 6-59　　　　　　　图 6-60　　　　　　　图 6-61

（4）如图6-62和图6-63所示便是可灵AI生成的视频，让原本的建筑物鲜活地"动"了起来。

图 6-62　　　　　　　　　　　　图 6-63

6.5　视频延长：无中生有，让视频更丰富

"视频延长"功能允许用户对生成的视频进行续写，并通过微调提示词实现自然过渡。它能为创作者提供更大的创作空间，丰富内容，提升视频的连贯性和完整性。

（1）单击可灵AI首页左侧的"全部工具"按钮，再单击"视频延长"按钮，如图6-64所示。

图 6-64

（2）单击 按钮，从历史创作中选择视频，"视频延长"功能只适用于使用可灵AI生成的视频，如图6-65和图6-66所示。

图 6-65

图 6-66

（3）分别在"创意描述"和"不希望呈现的内容"输入框内输入提示词，如图6-67所示。

图 6-67

（4）然后分别设置视频品质为"标准模式"、视频时长为5s、生成视频条数为"1条"、"创意相关"为0.5，最后单击"立即生成"按钮，即可延长视频。延长视频的模式将与原视频模式保持一致，目前仅支持延长时间设置为5s，如图6-68所示。

图 6-68

（5）如图6-69所示便是可灵AI延长的视频。

图 6-69

6.6　音效生成：让乏味的纯视频"开口说话"

可灵AI的"音效生成"功能，能根据场景需求生成适配的音效，轻松增添氛围，提升视频的感染力。此外，该功能还能自动为视频进行配音，为乏味的视频带来不一样的风采。

（1）单击可灵AI首页的"音效生成"按钮，如图6-70所示，进入音效生成界面，再单击"历史创作"按钮，上传视频，只能选择使用可灵AI生成的视频，如图6-71所示。

（2）上传视频后，可灵AI会自动在"音效创意描述框"内自动生成提示词，最后单击"立即生成"按钮，如图6-72所示。

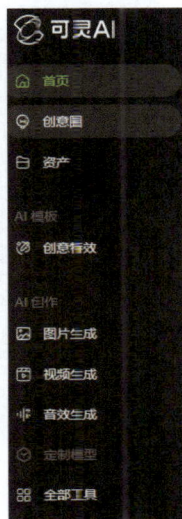

图 6-70

图6-71

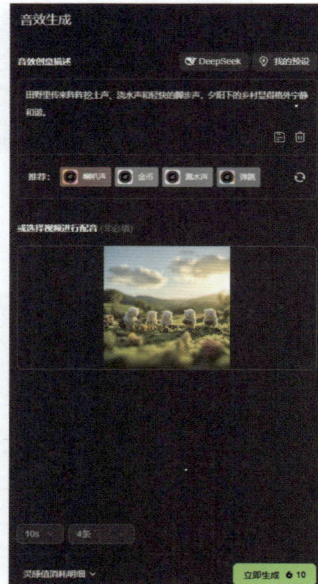

图6-72

（3）可灵AI便会自动为视频配置音效。用户可在视频下方选择音效类别，然后将鼠标指针移动到视频右侧，再单击 按钮，即可下载视频和音频，如图6-73所示。

图6-73

第 **7** 章

快影：大厂出品黑科技，
脑洞大开的造梦工厂

快影是快手团队精心打造的一款视频剪辑软件，凭借着快手这个强大的短视频平台的资源和技术实力，自诞生起它就备受关注，迅速在视频剪辑软件市场中崭露头角，收获了众多用户的喜爱。随着AI技术的浪潮袭来，快影紧紧抓住这一机遇，大力发展AI功能，无论是文案创作、图片生成，还是视频创作，它都能大显身手。本章将带领读者全面了解快影App，帮助大家快速掌握这款"造梦工厂"的核心技巧，开启创意视频制作之旅。

7.1 认识快影

快影凭借其强大的AI功能，为短视频创作注入了无限创意，助力创作者轻松打造引人入胜的视觉作品。在开启快影的创作之旅前，大家先来深入了解这款工具。

7.1.1 快影的功能介绍

快影作为快手推出的智能视频剪辑工具，凭借其强大的AI技术，彻底革新了短视频创作流程。以下是快影具备的一些核心功能。

1. 智能创作流程

快影通过接入DeepSeek-R1满血版大模型，实现了从脚本生成到后期制作全流程AI覆盖。相比传统视频剪辑工具，快影在创作效率上具有显著优势，大幅降低了创作门槛。无论是初学者还是专业人士，都能轻松实现"高效产出、轻松变现"的目标。

2. AI绘画与短视频制作

在AI绘画和短视频制作方面，快影表现尤为突出。用户只需输入简单的文案或关键词，即可通过"文案成片"功能快速生成适配的画面，甚至可以一键制作电影级短片。此外，快影的"AI绘画"功能支持通过关键词生成高清海报或动态视频，并提供丰富的风格化玩法，如"黏土世界""梦幻莫奈"等，满足用户的个性化创作需求。同时，"AI故事短片"功能还能自动完成分镜脚本的编写和后期包装，帮助用户轻松打造高质量的创意视频。

3. 特色功能与多样化应用

快影还提供了"字幕快剪""表情包成片""数字人"等特色功能，进一步简化了创作流程。

➢ 字幕快剪：支持多语言字幕自动生成，大幅提升视频字幕制作效率。

➢ 表情包成片：通过智能识别表情包内容，快速生成趣味视频。

➢ 数字人：支持虚拟形象生成与互动，为创作者提供更多创意可能性。

7.1.2 下载并登录快影

快影是一款由快手推出的短视频创作工具，它以极简的操作、丰富的模板和强大的剪辑功能深受用户喜爱。用户可以在各大应用商店搜索"快影"进行下载，安装完成后，使用手机号或快手账号即可快速登录。下面介绍具体步骤。

（1）进入手机的应用商店，点击上方的搜索框，在搜索框中输入"快影"，并点击"搜索"按钮，如图7-1所示。

图 7-1

（2）点击搜索结果界面中的"快影"，进入应用简介界面，点击"安装"按钮，同意下载请求后即可下载快影进行使用，如图7-2所示。

（3）下载完成后，点击"快影"，打开软件，选择"登录即表示已阅读并同意《用户协议》和《隐私政策》"复选框，用户输入手机号后获得验证码，输入验证码即可自动注册并登录，如图7-3所示。

图 7-2

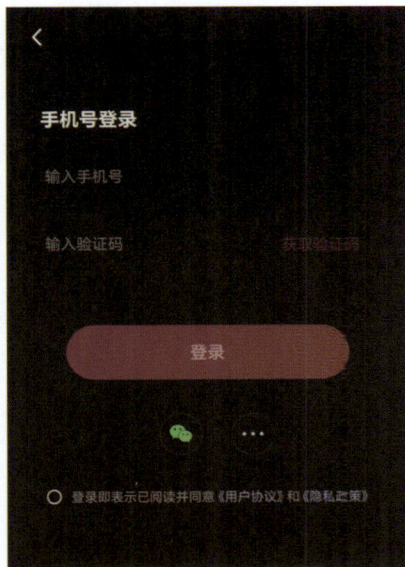

图 7-3

7.1.3　快影的基础页面介绍

快影的界面设计简洁、直观，主要分为5个核心功能区域，方便用户快速找到所需功能并进行创作。

1. 剪辑

"剪辑"界面如图7-4所示。

➤ 开始剪辑：点击"开始剪辑"按钮，可导入视频、图片等素材，在时间轴上进行裁剪、分割、拼接等基础操作，调整素材顺序和时长。

➢ 便捷工具栏：包括"一键出片""文案成片"等按钮，点击后可利用AI快速生成视频；还有拍摄入口，方便直接拍摄素材；还有文案工具辅助创作，如利用"图文编辑"功能可制作图片内容。

➢ 创意试手：提供了丰富的特效功能，包括各种滤镜、贴纸、画中画效果，能一键美颜、抠图；支持添加转场，让视频过渡自然；还可设置常规、曲线、自定义变速，实现快慢动作效果。

➢ 本地草稿：管理已创作的项目草稿和成片，支持云端备份，以防止文件丢失。主要分为剪辑、模板、文案成片、图文4个类型。

图7-4

2. 剪同款

"剪同款"界面主要分类展示用户分享的优质模板，可通过关键词搜索特定风格的模板。支持预览模板效果，点击即可套用并替换为自己的素材，如图7-5所示。

3. 创作中心

"创作中心"界面主要包括快手账号运营教程、账号收益和星火计划等，如图7-6所示。

图7-5

图7-6

4. 消息

"消息"界面如图7-7所示。

➤ 官方：展示热门模板、近期热点话题推送等。

➤ 互动：集中展示应用内的通知，包括系统通知、粉丝关注、评论回复和私信等。

5. 我的

"我的"界面如图7-8所示。

➤ 个人信息与设置：展示个人账号信息，如昵称、等级、粉丝数等，用户可以调整隐私设置、音效、视频导出参数等。

➤ 作品管理：能查看已发布的作品、本地草稿，还可管理收藏的模板、音乐等素材。

➤ 会员权益：若开通快影VIP，可解锁付费模板、海量会员素材，体验全新AI玩法；还能享受"买粉条，助力作品上热门"和积分，AI功能灵活付等特权。

图 7-7

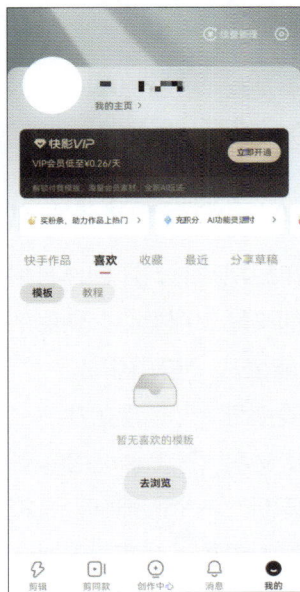

图 7-8

7.2 AI文案功能

对于短视频创作者来说，文案就像视频的灵魂，好的文案能够瞬间抓住观众的眼球，引发共鸣。快影的AI文案功能，就像一个贴心的文案小助手，能够帮助我们轻松解决文案创作的难题。

7.2.1　文案提取：三种方式帮助你快速提取

在浏览抖音、小红书等平台，看到一段特别精彩的视频文案，想要借鉴却苦于手动输入太麻烦时，快影的"文案提取"功能就能大显身手了，它有"链接提取""视频提取""图片提取"三种方式。选择合适的提取方式，快影便能迅速识别并将视频中的文案完整地提取出来。

具体步骤如下。

（1）打开快影App，进入"剪辑"界面，点击"文案工具"，如图7-9所示。

图7-9

（2）根据需要，在"文案提取"功能区选择不同的提取方法，如图7-10所示。

➤ 链接提取：将想要提取文案的链接粘贴到文本框内即可。

➤ 视频提取：上传想要提取文案的视频即可。

➤ 图片提取：上传想要提取文案的图片即可。

7.2.2　AI帮你写：快速生成多种风格的文案

在创作短视频时，让创作者最头疼的可能就是想不出吸引人的文案。别担心，快影的"AI帮你写"功能来救场。它能生成"自由生成""三农文案""情感语录""恋爱指导""情感故事""讲解文案""影视解说""带货文案"等多种风格的文案。

图7-10

假如要制作一个影视解说短视频，在输入框中输入诸如"请解说电影《我不是药神》"等关键词，快影的AI系统会瞬间生成数条风格各异的文案，创作者可以从中挑选最符合自己视频风格和主题的文案，大大节省创作时间，激发创作灵感。具体步骤如下。

（1）打开应用，进入"剪辑"界面，点击"文案工具"，如图7-11所示。

（2）在"AI帮你写"功能区选择"影视解说"，如图7-12所示。

（3）在文本框内输入"请解说电影《我不是药

图7-11

神》"，然后设置"字数"为500字，开启"深度思考"功能，如图7-13所示。

（4）点击"生成文案"按钮即可，生成的文案如图7-14所示。

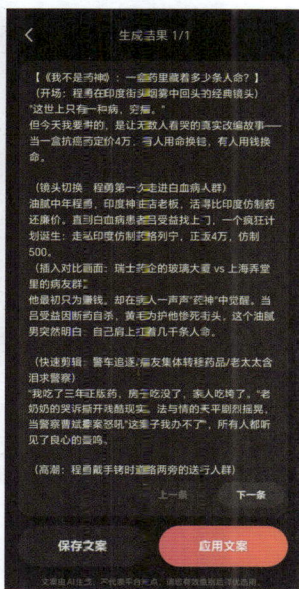

|图 7-12|图 7-13|图 7-14|

7.2.3　文案润色：AI快速优化文案

有时候，总觉得写出的文案不够出彩，语句不够通顺流畅。快影的"文案润色"功能可以完美解决这个问题。选择需要的功能，比如"AI扩写""AI续写""AI简化""AI润色"等，将写好的文案粘贴到文本框中，快影会对文案进行优化，调整语句结构，替换为更生动的词汇，让文案瞬间变得"高大上"。

（1）打开应用，进入"剪辑"界面，点击"文案工具"，如图7-15所示。

图 7-15

（2）在"文案润色"功能区选择"AI润色"，如图7-16所示。

（3）在文本框内输入需要润色的文案，点击"开始润色"按钮即可，最后生成的文案如图7-17所示。

图 7-16

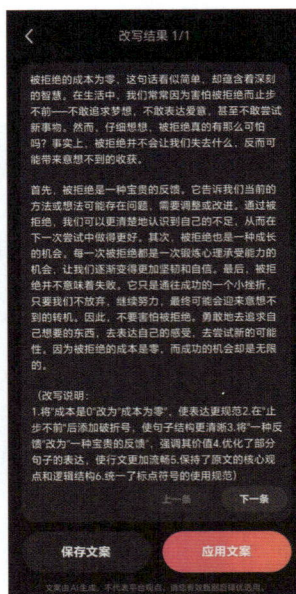

图 7-17

7.3 图片创作功能

　　快影的图片创作功能，凭借强大的AI技术，为人们打开了一扇通往创意新世界的大门，让人们能够轻松将脑海中的创意转化为令人惊艳的视觉图像。

7.3.1 AI文生图：粉发少女插图

　　"AI文生图"功能十分强大，用户只需输入描述词，选择图片风格，AI就能在瞬间生成用户想要的图片，将抽象的文字描述转化为直观的视觉画面，真正实现了文字与图像的奇妙转换。

　　下面生成一张动漫风格图片，具体步骤如下。

　　（1）打开快影App，进入"剪辑"界面，在便捷工具栏里点击"AI创作"按钮，如图7-18所示。

图 7-18

（2）在"AI工具"选项卡中，找到"AI作图"板块，点击"绘制专属图片"按钮，如图7-19所示。

（3）快影提供了丰富的图片生成风格，满足用户多种需求。设置"创作类型"为"自由创作"，选择"日系风格"，在文本框里输入"一个粉色头发的动漫少女，穿着白色连衣裙，傍晚在海边看夕阳，精致面容，杰作品质，细节丰富，电影光照质感"，如图7-20所示。

图 7-19

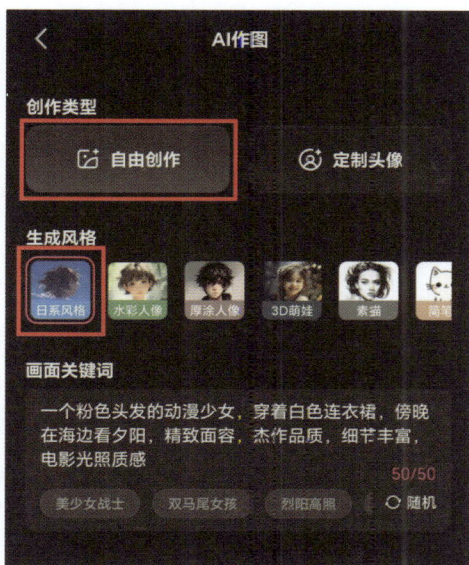

图 7-20

（4）点击"生成图片"按钮，生成的作品如图7-21所示。

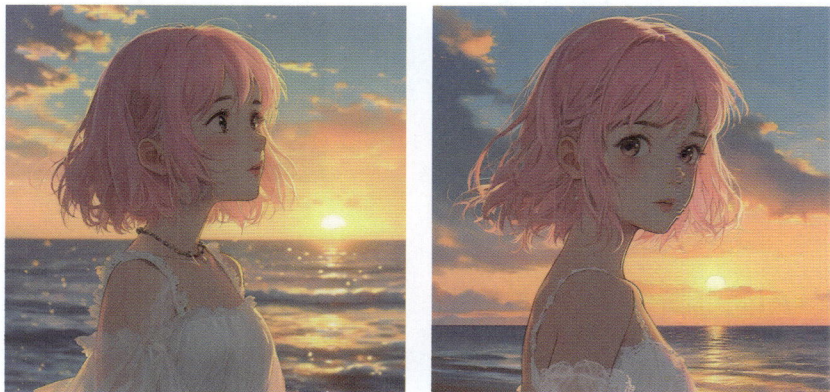

图 7-21

7.3.2　AI绘画：绘制卡通人物

快影的AI绘画功能基于先进的深度学习算法，能够将用户上传的照片或视频帧转化为各种艺术风格的绘画作品。这一功能特别适合那些希望为社交媒体内容增添艺术感，但又缺乏专业绘画技能的用户。AI绘画功能支持多种风格转换，包括油画、水彩、素描、卡通等多种艺术形式，让普通照片瞬间变成艺术品。接下来让我们一起来体验AI绘画的魅力吧！

（1）打开快影App，进入"剪辑"界面，在便捷工具栏里点击"AI创作"按钮，如图7-22所示。

图7-22

（2）在"AI玩法"界面，找到"AI绘画"，点击"导入图片变身"按钮，如图7-23所示。

（3）等待生成图片，用户可以选择自己喜欢的风格生成图片并保存，如图7-24所示。

图7-23

图7-24

7.3.3　AI简笔画：梦幻森林插图

"AI简笔画"功能可以将照片转换为简单而有趣的线条画，给人一种简洁、纯真的美感。它就像一个充满童趣的画笔，能够把生活中的美好瞬间，以简单而富有创意的简笔画形式呈现出来。

操作过程非常简单，只需上传想要转换的照片，AI就能自动识别照片中的各种元素，并将其转化为简洁的线条画。具体操作步骤如下。

（1）打开快影App，进入"剪辑"界面，在便捷工具栏里点击"AI创作"按钮，如图7-25所示。

图 7-25

（2）在"AI玩法"界面，找到"AI简笔画"，点击"开始绘画"按钮，如图7-26所示。

（3）完成后点击右上角的"完成"按钮，等待生成。用户可以选择自己喜欢的类型，最后可保存照片，也可保存视频，如图7-27所示。

图 7-26

图 7-27

7.3.4　AI照相馆：专属写真集

快影App的"AI照相馆"功能是其最新版本中引入的一项由AI驱动的创意拍摄工具，旨在帮助用户轻松生成多种风格的写真照片。"AI照相馆"利用人工智能技术，为用户提供多样化的照片风格选择，包括但不限于艺术风格、潮流滤镜、人像美化，用户只需上传照片，AI会自动分析并生成符合所选风格的高质量写真。下面大家一起来体验吧！

（1）打开快影App，进入"剪辑"页面，在便捷工具栏里点击"AI创作"按钮，如图7-28所示。

图7-28

（2）在"AI玩法"页面，找到"AI照相馆"，点击"生成写真集"按钮，如图7-29所示。

（3）选择并上传5～20张五官清晰、无遮挡、非黑白照的单人人像照片，照片越多效果越好，如图7-30所示。

（4）点击"生成专属AI写真集"按钮即可，生成的作品如图7-31所示。

图7-29

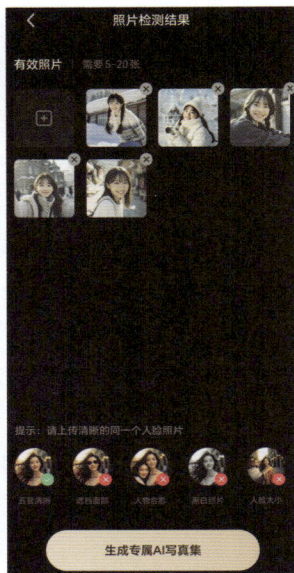
图7-30

图7-31

7.4　视频创作功能

快影的视频创作功能，以其强大的AI技术，为人们带来了前所未有的创作体验，让人们能够轻松将脑海中的创意转化为精彩的视频作品。

7.4.1　AI故事短片：风之守护者短片

"AI故事短片"功能可以利用AI技术帮助用户快速生成富有故事性的短视频内容。该功能结合了AI文案生成、智能配图、自动剪辑和特效优化，使用户无须复杂的操作即可制作出高质量的故事短片。输入故事大纲，AI即可自动生成分镜脚本并匹配素材库中的画面和配音。

生成AI故事短片的具体步骤如下。

（1）打开快影App，进入"剪辑"界面，在便捷工具栏里点击"文案成片"按钮，如图7-32所示。

图 7-32

（2）在"文案成片"界面，点击"AI故事短片"按钮，如图7-33所示。

（3）输入创意想法或者故事脚本。如果有完整的故事剧情，可以选择"已有脚本"模式，AI将会结合剧情脚本生成视频；没有脚本，可选择"没有脚本"模式，输入创意想法，AI会自动生成故事脚本。设置"短片时长"为"约30s（推荐）"、"画幅比例"为16：9、"画面风格"为"动漫国风"，如图7-34所示。

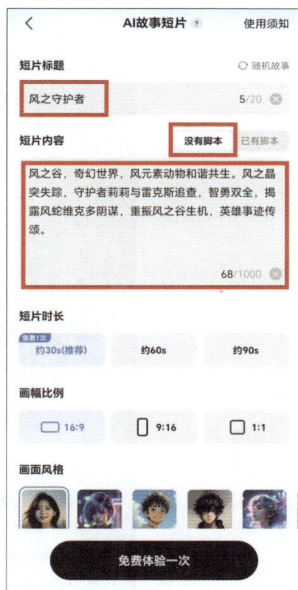

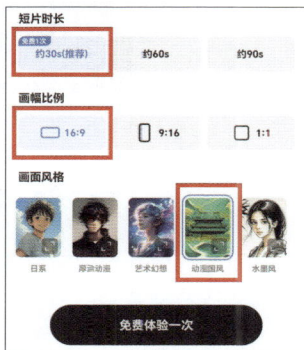

图 7-33　　　　　　　　　　　　　　　图 7-34

（4）得到故事梗概后，点击"生成分镜"按钮，得到分镜脚本，点击右上角的"角色管理"按钮，可以设置角色形象，如图7-35所示。

（5）分镜脚本及角色形象设置完成后，点击"生成视频"按钮。生成视频后，用户还可以对其进行剪辑，如图7-36所示。

图 7-35

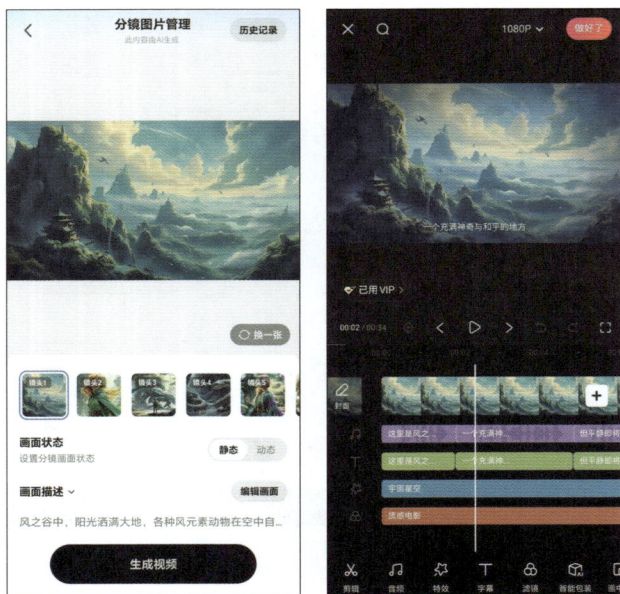

图 7-36

7.4.2 小说转动漫：拥有超能力的小女孩

快影App的"小说转动漫"功能是一项基于AI技术的创新工具，旨在帮助用户将小说文本快速转换为动漫风格的视频内容。这一功能特别适合不想真人出镜的创作者，或者希望以更生动的方式呈现小说内容的用户。用户只需输入小说文本，快影的AI系统会自动分析情节，并生成相应的动漫风格画面，使小说内容可视化。它还支持自定义风格，如日漫、国漫、手绘等不同的画风。下面一起来体验吧！

（1）打开快影App，进入"剪辑"界面，在便捷工具栏里点击"AI小说漫"按钮，如图7-37所示。

图7-37

（2）在文本框中输入小说内容。用户也可以提供小说主题，使用"AI帮我写"功能，点击"AI生成"按钮即可，如图7-38所示。

（3）得到满意的文案后，点击"应用"按钮，如图7-39所示。

（4）设置"画幅比例"为9：16、"漫画风格"为"手绘"，AI会自动生成角色形象。如果对生成的形象不满意，用户可以点击图片右下角的"重绘"按钮，如图7-40所示。

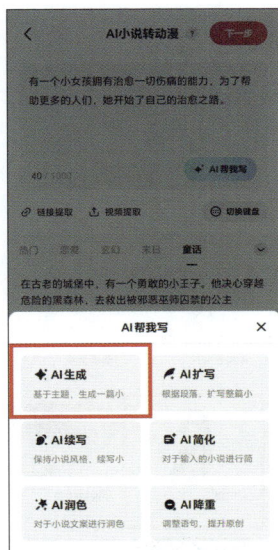

图7-38

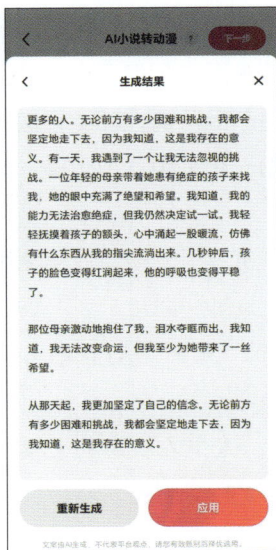

图7-39

图7-40

（5）点击"生成视频"按钮即可。用户还可以对生成的AI视频进行剪辑，如图7-41所示。

127

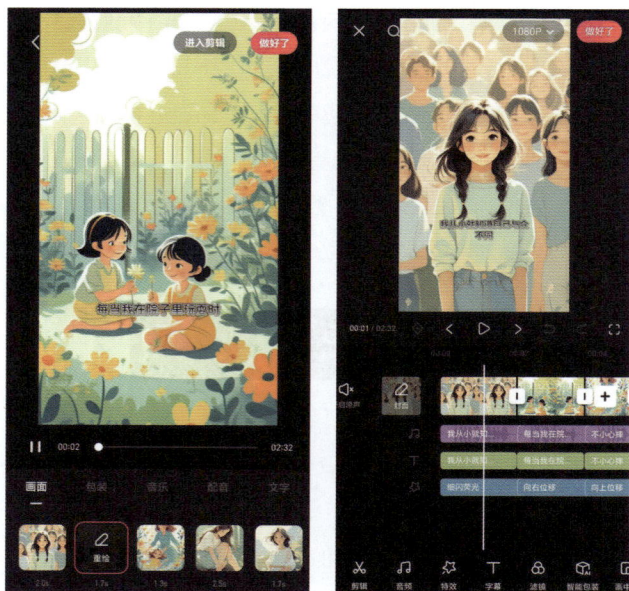

图 7-41

7.4.3　AI口播：数字人口播视频

"AI口播"功能则解决了出镜和配音的难题。用户可以生成逼真的虚拟形象，支持多语言、多风格播报。无论是新闻播报、在线教育还是产品营销，都能轻松应对，大大降低了创作成本。下面一起来用"AI口播"功能制作一个短视频作品吧！

（1）打开快影App，进入"剪辑"页面，在便捷工具栏里点击"文案成片"按钮，如图7-42所示。

（2）在"文案成片"界面，点击"AI口播"按钮，如图7-43所示。

（3）在文本框中输入文案，或者在快影的文案库中选择喜欢的文案，然后点击"生成视频"按钮，如图7-44所示。

图 7-42

图 7-43

（4）选择喜欢的数字人形象，然后点击下方的按钮，消耗对应秒数生成数字人，如图7-45所示。

图 7-44

图 7-45

（5）用户可以对生成的AI视频进行剪辑，如图7-46所示。

图 7-46

7.4.4　短剧解说：《我不是拳王》短剧解说

对于短剧创作，快影的"短剧解说"功能提供了强大的支持。AI会根据短剧内容自动生成解说文案，并匹配合适的画面和音乐。这使得短剧创作更加高效，同时也提升了作品的吸引力。

（1）打开快影App，进入"剪辑"界面，在便捷工具栏里点击"短剧解说"按钮，如图7-47所示。

图7-47

（2）导入短剧原片，选填短剧介绍，设置"解说结构"为"全片解说"、"配音设置"为"影视解说"，如图7-48所示。

（3）用户可以修改角色和台词，修改角色名可提升AI解说效果，建议用剧中出现的角色名，修改好后点击"下一步"按钮，如图7-49所示。

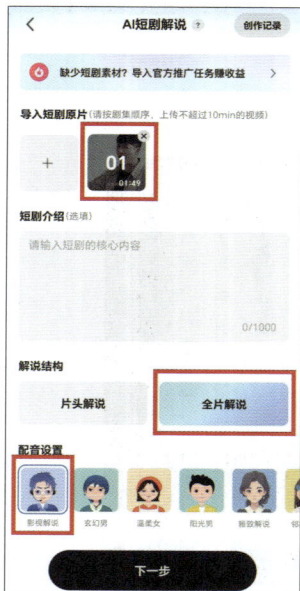

图7-48

图7-49

（4）调整方框选定解说时需擦除的字幕区域，调整好后点击"生成视频"按钮，如图7-50所示。

（5）用户可以对生成的视频进行编辑，设置视频清晰度为1080p，点击"做好了"按钮，导出视频到相册，如图7-51所示。

图 7-50

图 7-51

7.4.5　表情包成片：创意短视频

快影App的"表情包成片"功能允许用户将静态的表情包或动态GIF素材快速制作成有趣的短视频，结合音乐、特效和字幕等元素，生成更具创意和传播性的内容。

（1）打开快影App，进入"剪辑"界面，在便捷工具栏里点击"表情包成片"按钮，如图7-52所示。

图 7-52

（2）在文本框中输入小说、段子，也可以以链接提取或视频提取的方式获取文案，没有心仪的内容可以输入创意想法，让AI自动生成讲解内容，如图7-53所示。

（3）生成视频后可以按照喜好进行调整，如图7-54所示。

（4）用户可以点击右上方"进入剪辑"按钮对生成的视频进行剪辑，完成后点击"做好了"按钮即可，如图7-55所示。

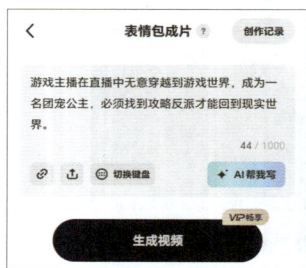

图 7-53   图 7-54   图 7-55

7.5 营销工具

在短视频创作的道路上，变现是许多创作者的重要目标之一。快影不仅在创作方面为人们提供了强大的支持，还拥有一系列实用的营销工具，帮助创作者更好地实现商业价值。

7.5.1 营销文案：服饰营销文案

在竞争激烈的市场中，如何让自己的产品或服务脱颖而出，吸引用户的关注，是每个创作者都需要面对的问题。快影的营销文案功能可以直击用户的痛点，为用户生成极具吸引力的营销文案。

当需要对产品或服务进行宣传推广时，只需输入产品信息，如产品的特点、优势、功能等，以及营销目标，如提高产品销量和品牌知名度、吸引新用户等，可以利用快影强大的AI算法，生成适配的营销标题、营销脚本、直播脚本等文案内容。这些文案内容不仅符合快手平台的调性，能够更好地被平台用户接受，还能够准确地传达产品的价值，激发用户的购买欲望。

1. 视频脚本

（1）打开快影App，进入"剪辑"界面，在便捷工具栏里点击"营销工具"按钮，如图7-56所示。

图 7-56

（2）在"营销视频"界面，点击"视频脚本"按钮，如图7-57所示。

（3）在文本框中输入产品描述，也可以通过链接提取或视频提取的方式获取文案。如果没有心仪的内容，可以输入创意想法，让AI自动生成讲解内容，点击"开始生成"按钮，如图7-58所示。

图 7-57

图 7-58

（4）根据喜好调整生成结果，不满意可以选择再次生成。下面有两个选项"应用文案"和"复制文案"，用户根据需要选择即可，本案例选择"应用文案到""AI数字人"，如图7-59所示。

（5）进入后选择数字人形象，即可生成数字人，如图7-60所示。

（6）用户可以根据自己的喜好对视频进行调整，调整好后点击"做好了"按钮，将其导入相册，如图7-61所示。

图 7-59

图 7-60

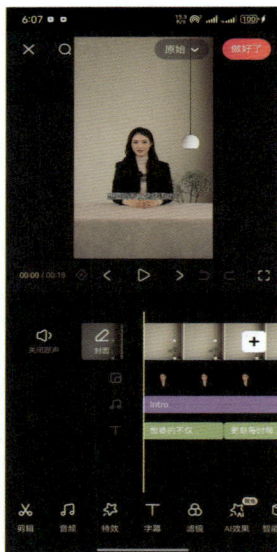

图 7-61

2. 直播脚本

（1）打开快影App，进入"剪辑"界面，在便捷工具栏里点击"营销工具"按钮，如图7-62所示。

（2）在"营销视频"界面，点击"直播脚

图 7-62

134

本"按钮，如图7-63所示。

（3）在文本框中输入商品名称及产品描述。产品描述可以从文案库获取，也可以选择链接提取或视频提取的方式获取。如果没有心仪的内容，可以输入创意想法，让AI自动生成讲解内容，设置"台本风格"为"真诚亲切"、"观众称呼"为"家人们"、"解讲时长"为"约2分钟"，点击"开始生成"按钮，如图7-64所示。

图 7-63

图 7-64

（4）根据自己的喜好调整生成结果，不满意可以选择再次生成，界面下方有两个选项"应用文案"和"复制文案"，用户根据需要选择即可，如图7-65所示。

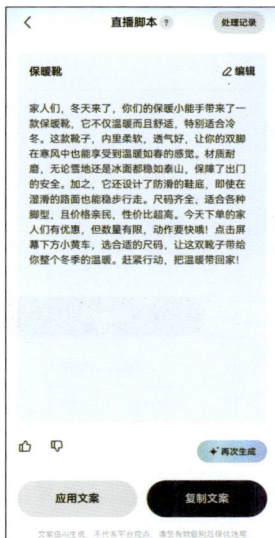 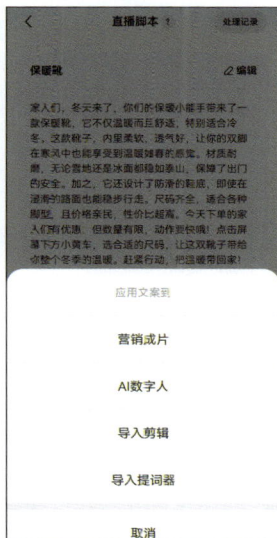

图 7-65

3. 营销卖点

（1）打开快影App，进入"剪辑"界面，在便捷工具栏里点击"营销工具"按钮，如图7-66所示。

图 7-66

（2）在"营销视频"界面，点击"营销卖点"按钮，如图7-67所示。

（3）在文本框中输入产品描述，也可以通过链接提取或视频提取的方式获取文案。如果没有心仪的内容，可以输入创意想法，让AI自动生成讲解内容，点击"开始生成"按钮，如图7-68所示。

（4）根据自己的喜好调整生成结果，不满意可以选择再次生成，界面下面有两个选项"应用文案"和"复制文案"，用户根据需要选择即可，如图7-69所示。

图 7-67

图 7-68

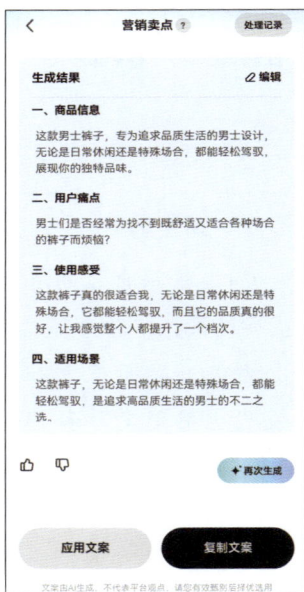

图 7-69

4. 营销标题

（1）打开快影App，进入"剪辑"界面，在便捷工具栏里点击"营销工具"按钮，如图7-70所示。

图 7-70

（2）在"营销视频"界面，点击"营销标题"按钮，如图7-71所示。

（3）在文本框中输入产品描述，也可以通过链接提取或视频提取方式获取文案。如果没有心仪的内容，可以输入创意想法，让AI自动生成讲解内容，点击"开始生成"按钮，如图7-72所示。

（4）生成三条结果，根据个人喜好选择即可，也可以编辑和复制，还可以点击"再次生成"按钮重新生成，如图7-73所示。

图 7-71

图 7-72

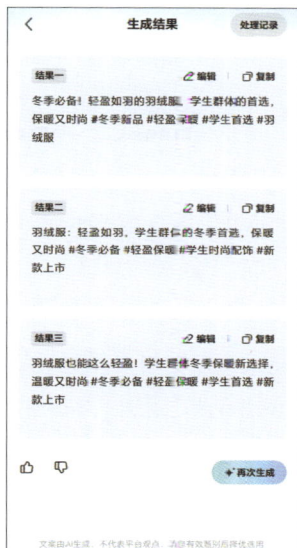

图 7-73

7.5.2　营销视频：保湿水营销视频

除了营销文案，快影的营销视频功能也是创作者实现商业变现的有力武器。它能够根据人们输入的产品信息和营销目标，自动生成广告脚本与视频模板，让人们能够一键替换素材，模板化批量生产营销视频。

1. AI写脚本

（1）打开快影App，进入"剪辑"界面，在便捷工具栏里点击"营销工具"按钮，如图7-74所示。

图 7-74

（2）在"营销视频"界面，点击"营销成片"按钮，如图7-75所示。

（3）选择"AI写脚本"选项，输入产品名称、所属行业，设置"视频比例"为9：16，点击"开始生成"按钮，如图7-76所示。

图 7-75

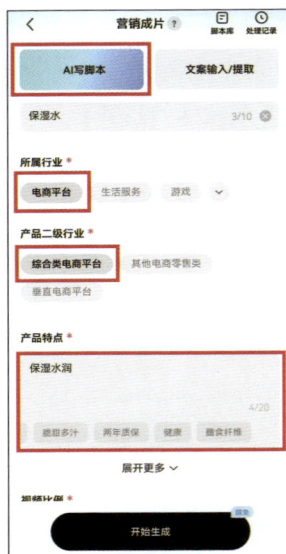

图 7-76

（4）根据自己的喜好调整生成结果，添加3段视频素材，导入成功后，点击"合成视频"按钮，如图7-77所示。

（5）视频生成耗时较长，可在"处理记录"界面找到正在生成的视频，生成完成后点击"预览"按钮，选择喜欢的脚本成片，点击"导出"按钮，如图7-78所示。

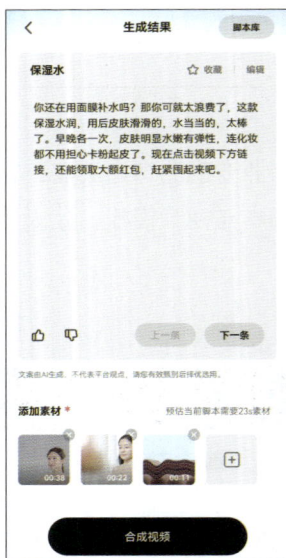

图 7-77

图 7-78

2. 文案输入/提取

（1）打开快影App，进入"剪辑"界面，在便捷工具栏里点击"营销工具"按钮，如图7-79所示。

图7-79

（2）在"营销视频"界面，点击"营销成片"按钮，如图7-80所示。

（3）选择"文案输入/提取"选项，输入文案，还可以通过链接提取或视频提取的方式获取文案。设置"视频比例"为9∶16，添加3段素材，点击"开始生成"按钮，如图7-81所示。

（4）视频生成耗时较长，可在"处理记录"界面找到正在生成的视频，生成完成后点击"预览"按钮，选择喜欢的脚本成片，点击"导出"按钮，导出视频，如图7-82所示。

图 7-80

图 7-81

图 7-82

第 **8** 章

海螺 AI：轻松上手打造创意视频

在众多AI短视频创作工具中，海螺AI凭借其独特的功能和出色的表现，成为创作者们的新宠。它就像一把神奇的钥匙，为人们打开了一扇通往AI短视频创作新世界的大门，让创作变得更加简单、高效、有趣。无论是专业的视频创作者，还是刚刚入门的新手，都能在海螺AI中找到属于自己的创作乐趣和无限可能。

8.1　认识海螺AI

海螺AI以其卓越的AI视频生成能力，为创作者提供了从创意构思到动态呈现的全方位支持。无论是精准的主体参考，还是灵活的镜头控制，它都能帮助人们轻松实现专业级的视觉效果。在开始创作之前，先来了解一下海螺AI吧！

8.1.1　海螺AI的功能介绍

海螺AI作为MiniMax公司推出的一款创新AI视频生成工具，凭借其先进的AI技术，为用户提供了从图片创作到短视频制作的全方位解决方案。以下是海螺AI可能具备的一些核心功能。

1. 图片创作与动态转化

海螺AI的图生视频功能可以将用户上传的静态图片转化为动态视频，支持多种风格和场景，满足不同用户的创作需求。用户只需上传一张图片，AI就能自动为图片添加生动的动态效果，使其更具表现力和吸引力。这一特性极大地提升了静态图片的创作价值，为用户提供了全新的视觉体验。

2. AI制作短视频

在AI制作短视频方面，海螺AI的文生视频功能允许用户通过输入简单的文本描述来生成对应的视频内容。用户只需提供简短的文本描述，AI即可快速生成符合描述的动态视频，大幅降低了短视频创作的门槛。

3. 主体参考与精准创作

海螺AI的"主体参考"功能尤为突出，用户只需上传一张图片，就能精准锁定主体角色，并生成与参考图高度一致的动态视频。这一功能基于MiniMax自研的S2V-01视频模型，能够快速且低成本地生成高质量视频，同时保持角色在不同场景和动作中的高度一致性。

4. 创作模板与素材库

海螺AI提供了丰富的创作模板和素材库，支持多种创作模式，包括文生视频、图生视频和主体参考创作。这些模板和素材库为用户提供了多样化的创作选择，无论是初学者还是专业人士，都能快速找到适合自己的创作方向。

5. 镜头控制与自然语言交互

海螺AI的镜头控制功能提供了多种运镜方式和经典镜头预设，用户可以通过自然语言控制镜头运动，进一步提升了创作的灵活性和专业性。这一特性使得用户能够轻松实现复杂的镜头效果，极大地提升了视频创作的专业性和艺术性。

8.1.2　登录海螺AI

初次接触海螺AI，登录是开启创作之旅的第一步。

（1）打开浏览器，在地址栏输入"海螺视频"并搜索，单击其官网链接即可进入其首页，如图8-1所示，官网页面设计简洁明了。

图 8-1

（2）单击"登录"按钮后，可以选择"手机登录"或"微信登录"。输入自己的手机号码，随后手机会收到一条包含验证码的短信。在规定的时间内，将验证码准确输入相应的位置，单击"立即登录"按钮，即可成功登录，如图8-2所示。

图 8-2

这种登录方式简单便捷，同时也保障了用户账号的安全性，即使用户忘记密码，也能通过手机号快速找回。

8.1.3　海螺AI的基础页面介绍

登录成功后，映入眼帘的便是海螺AI的创作界面，该界面布局合理，各个功能区域一目了然，即便是初次使用的用户也能快速上手，如图8-3所示。

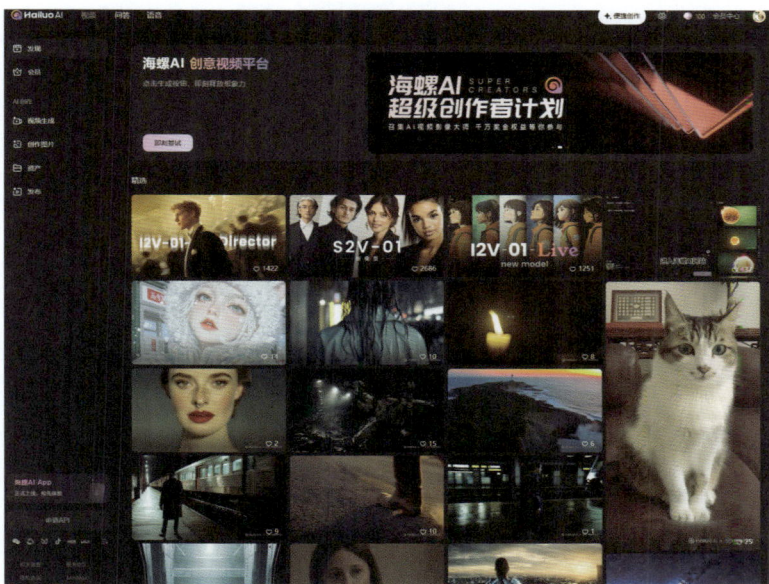

图 8-3

顶部导航栏：主要是功能切换按钮和账号信息区，如图8-4所示。

图 8-4

➢ "视频"：单击该按钮进入"海螺视频"页面。

➢ "问答"：单击该按钮进入MiniMax页面。

➢ "语音"：单击该按钮进入"文字转语音"页面，输入文字，在音色库中挑选合适音色，生成个性化音频。

➢ "🕮"：单击该按钮进入海螺AI知识库，它是官方一站式文档集合且持续更新，提供教程、社区规范等多种信息，还介绍了超级创作者分享区情况，如图8-5所示。

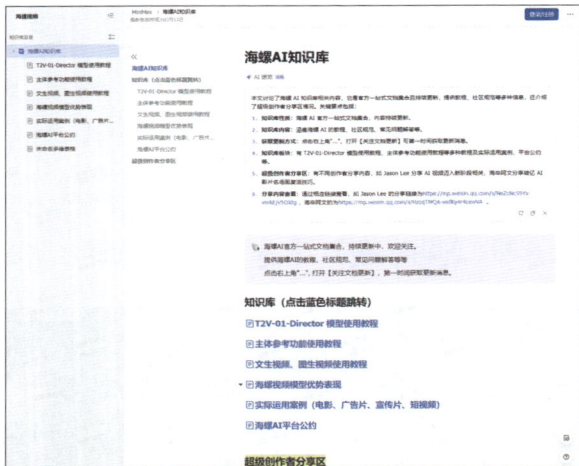

图 8-5

➤ 侧边栏：包括发现、会员、AI创作工具、海螺AI App下载按钮，以及海螺AI官方账号等，如图8-6所示。

图 8-6

➤ "发现"：单击此按钮，可以查看精选AI视频推荐。

➤ "会员"：单击此按钮，可以开通会员服务。

➤ "视频生成"：单击该按钮，可以进入"视频生成"页面，其中包含"图生视频""文生视频""主体参考"三大功能。

➤ "创作图片"：单击该按钮，可以进入"图片生成"页面。

➤ "资产"：单击此按钮，用户可以查看已生成的视频和图片作品。

➤ "发布"：单击此按钮，用户可以查看已发布的视频和图片作品。

8.2　图片创作功能

　　海螺视频的图片创作功能，宛如一根神奇的魔法棒，能够将文字转化为精美的图片，为创作者们带来全新的创作体验。无论是壮丽的自然风光，还是细腻的情感表达，它都能精准捕捉文字中的意境，转化为栩栩如生的画面。用户只需输入一段简洁的文字描述，AI便能理解其中的语义，迅速生成符合描述的高质量图片。无论是晨光洒在湖面上的宁静，还是山峦在薄雾中若隐若现的诗意　海螺AI都能赋予画面以生命力，让创作变得更加简单且富有想象力。

　　下面一起利用海螺AI的图片创作功能，创作一幅风景画，具体步骤如下。

　　（1）进入海螺AI页面，单击"创作图片"按钮，进入创作页面，在文本框中输入"阳光洒在宁静的湖面上，微风吹过，泛起层层涟漪，周围的树木随风轻轻摇曳。"如图8-7所示。

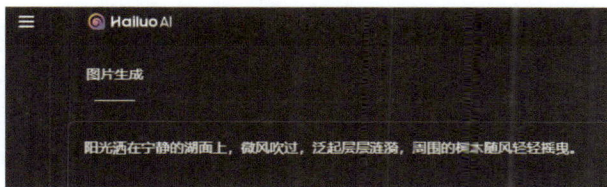

图 8-7

　　（2）选择"Image-01"模型，设置"图片比例"为16：9，设置"生成数量"为2，如图8-8所示。

图 8-8

　　（3）单击　　　　　按钮生成图片，得到的作品如图8-9所示。

图 8-9

8.3 视频创作功能

海螺AI作为一款创新的AI视频创作工具，为创作者们提供了一系列强大的功能，让视频创作变得轻松而富有创意。其中，"图生视频""文生视频""主体参考"功能尤为引人注目，它们不仅拓展了创作的可能性，还为创作者带来了全新的体验。

"图生视频"功能能够将静态的图片转化为动态的视频，赋予画面生命力，让创作者轻松实现从静到动的转变；"文生视频"功能则通过文字描述生成对应的动态画面，将抽象的创意转化为具体的视觉内容；而"主体参考"功能则通过精准锁定主体角色，确保角色在不同场景和动作中的高度一致性，为创作提供稳定而高质量的输出。结合使用这些功能，不仅让创作过程更加高效，还为创作者提供了更多表达创意的空间，无论是初学者还是专业的用户，都能借助海螺AI实现自己的创作愿景。

8.3.1 图生视频：小猫打招呼短片

"图生视频"功能是海螺AI的一大特色，它为创作者提供了一种独特的视频创作方式。想要将一张静态的图片转化为动态的视频，只需单击页面上的"图片"按钮，上传准备好的图片。这张图片将作为视频的首帧，为整个视频奠定基础。

不同类型的图片在生成视频时会有不同的效果。一般来说，构图简洁、主体突出的图片更容易生成高质量的视频。因为海螺AI的算法能够更清晰地识别图片中的主体元素，并对其进行精准的动态化处理。而对于一些过于复杂、元素过多的图片，算法在识别和处理时可能会遇到一定的困难，导致生成的视频效果不够理想。

在利用图片创作功能时，有一些实用的思路与技巧，可以帮助大家创作出更具吸引力的短视频。比如，在选择图片时，尽量挑选画面简洁、主题明确的图片，这样AI在识别和处理时能更好地把握重点。比如，一张单独的花朵特写图片，就比一张包含众多元素的复杂风景图更适合用来创作以花朵为主题的短视频。

在输入描述文本时，要尽可能地详细和具体。描述得越细致，AI生成的视频就越能符合预期。除了画面内容的描述，还可以加入对视频风格、节奏的要求。比如"以缓慢、抒情的节奏展现花朵慢慢绽放的过程，画面风格唯美浪漫"，这样生成的视频就能在节奏和风格上满足用户的特定需求。

下面一起来制作一个可爱的小猫打招呼AI短片，具体步骤如下。

（1）进入海螺AI页面，单击"视频生成"按钮，进入创作页面，选择"图生视频"选项，如图8-10所示。

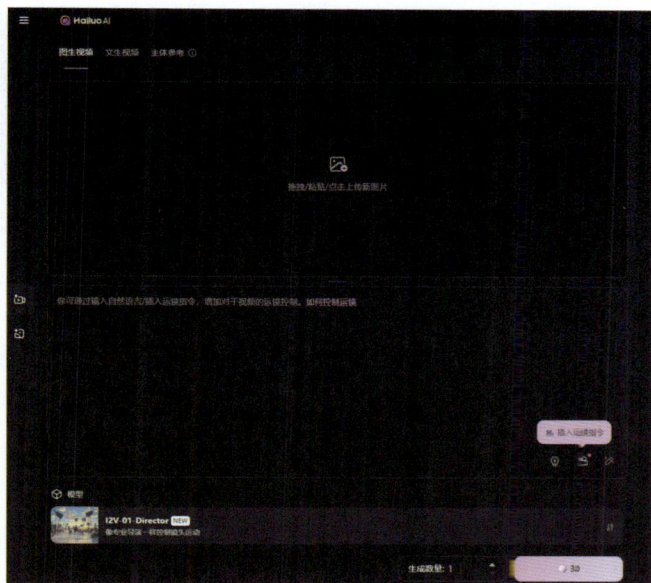

图 8-10

（2）单击"拖拽/粘贴/点击上传新图片"，在文本框中输入"一只毛茸茸的橘白相间猫咪，圆溜溜的眼睛紧盯着前方，小猫举前爪打招呼，慢镜头捕捉到猫咪胡须颤动的细节，采用动漫风格，4K超清画质，自然柔光。画面充满童趣与活力。"如图8-11所示。

图 8-11

（3）选择"I2V-01"模型，设置"生成数量"为1，生成一次作品需要30贝壳，如图8-12所示。

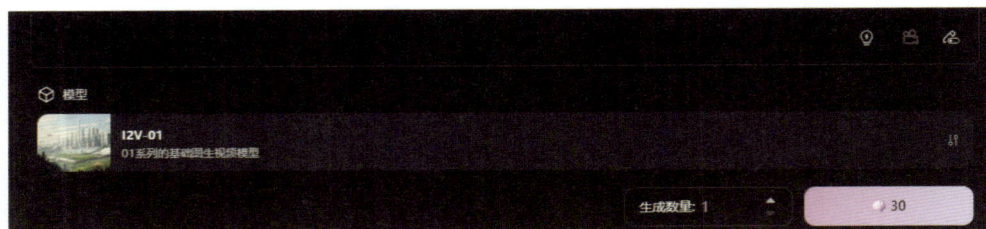

图8-12

（4）单击 ⬮ 30 按钮，生成视频，效果如图8-13所示。

图8-13

8.3.2　文生视频：都市街头夜景视频

"文生视频"功能让创作者仅通过输入文字描述，就能生成相应的视频内容，极大地拓展了创作的可能性。在使用这一功能时，创作者只需在输入框口清晰、准确地输入自己想要生成的视频内容描述。描述越详细、具体，生成的视频就越能符合创作者的预期。

提示词对于生成视频的质量起着至关重要的作用。好的提示词能够引导海螺AI生成更具创意、更符合逻辑、画面更精美的视频。提示词不仅决定了画面的内容，还影响着视频的整体氛围、风格和情感表达。因此，创作者在输入提示词时，应尽量具体化描述，包括场景、主体、动作、氛围等关键元素。

下面来看一个具体的文生视频案例。

（1）使用DeepSeek生成脚本。

Ⓐ 我要用海螺AI的文生视频功能生成一段内容为"我在夜晚的都市街头city walk"的15秒视频，请为我提供5段AI文生视频提示词，这5段提示词可以通过剪辑串联成视频。

🐬 以下是5段可串联成15秒短视频的AI文生视频提示词，采用渐进式镜头语言与场景切换设计。

镜头1|高空俯视开场（3秒）

"延时摄影视角的都市夜空，无人机穿越云层俯冲而下，摩天楼群玻璃幕墙倒映着流动的车灯，街道网格如发光的电路板向远方延伸，8K超广角画幅"

镜头2|霓虹街道中景（3秒）

"低角度跟拍脚步特写，潮湿的柏油路的反光中掠过红色出租车残影，霓虹招牌汉字与全息投影交错闪烁，手持运镜轻微晃动营造真实感，赛博朋克风格调色"

镜头3|便利店橱窗转场（3秒）

"透过雨滴斑驳的玻璃拍摄便利店暖光，自动门开合间人影晃动，冰柜冷雾与关东煮蒸汽形成冷暖对比，慢镜头捕捉硬币落入自动贩卖机的金属反光"

镜头4|天桥动态空镜（3秒）

"天桥仰拍轻轨列车划过镜头，LED大屏虚拟偶像突然转头与观众对视，疾驰的外卖电动车带起落叶，动态模糊处理增强速度感，背景渐变星空噪点特效"

镜头5|纵深收尾镜头（3秒）

"隧道式构图的长焦镜头，跟随飘动的荧光气球穿越人群，远处巨型3D广告鲸跃出楼宇，镜头旋转上升展现城市天际线，光轨拖尾形成时间流逝感"

剪辑逻辑建议：高空视角建立场景→沉浸式街道体验→生活化细节转场→动态元素爆发→超现实收尾，通过统一的青橙色调+胶片颗粒滤镜保持视觉连贯性 可加入ASMR环境音增强临场感。

（2）进入海螺AI页面，单击"视频生成"按钮，进入创作页面，选择"文生视频"选项，如图8-14所示。

（3）在文本框中输入DeepSeek生成的脚本，如图8-15所示。

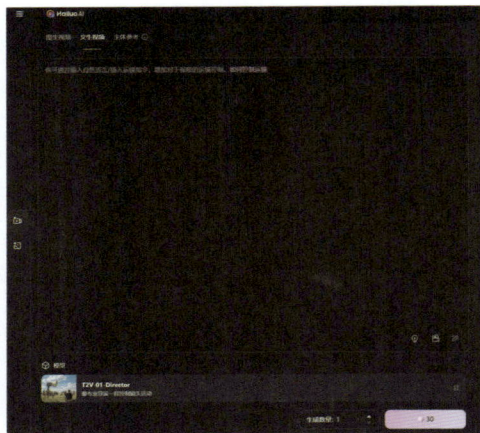

图8-14

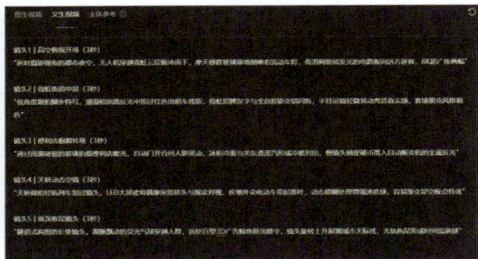

图8-15

（4）选择"T2V-01-Director"模型，设置"生成数量"为1，生成一次作品需要30贝壳，如图8-16所示。

图8-16

➢ T2V-01-Director模型：支持自定义运镜参数，可实现推近、拉远、旋转等动态镜头效果。

➢ T2V-01模型：专为手绘、卡通风格优化，保持画面生动、流畅。

（5）单击 [30] 按钮生成视频，效果如图8-17所示。

图 8-17

8.3.3　主体参考：校园主题剧情短片

　　"主体参考"功能是海螺 AI 的又一创新亮点，它巧妙地结合了"文生视频"和"图生视频"的优点，为创作者带来了全新的创作体验。这一功能的原理是通过上传一张包含主体元素（如人物、物体等）的图片，海螺 AI 能够提取图片中主体的视觉信息，并根据用户输入的文本描述，让主体在不同的场景中自由活动，实现更加丰富和多样化的视频创作。

　　与传统的"文生视频"和"图生视频"功能相比，"主体参考"功能具有明显的优势。在传统的"文生视频"中，虽然可以通过文字描述生成各种场景和内容，但对于一些特定的主体元素，尤其是人物，很难保证其在不同画面中的一致性和真实性。而"图生视频"虽然能够准确地根据图片生成视频，但灵活性相对较低，难以实现主体在不同场景中的自由切换。"主体参考"功能则很好地解决了这些问题，它既能够保证主体元素的精准还原，又能让主体在丰富多样的场景中展现出各种动作和状态，为创作者提供了更高的创作自由度。

利用"主体参考"功能，创作者可以制作出许多富有创意的视频。下面介绍利用该功能生成一个校园主题剧情短片的具体步骤。

（1）进入海螺AI页面，单击"视频生成"按钮，进入创作页面，选择"主体参考"选项，如图8-18所示。

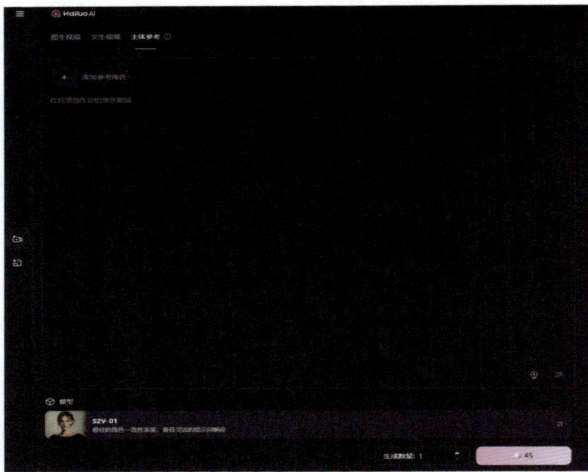

图8-18

（2）使用DeepSeek生成剧情。

🅐 我要用海螺AI的主体参考功能生成一个主题为校园的剧情短片，请为我提供3段AI视频提示词，这3段提示词可以通过剪辑串联成视频。

🐳 以下是为校园主题剧情短片设计的3段AI视频提示词，每段可生成20～30秒素材，通过"银杏叶飘落"作为贯穿线索串联成完整的故事。

　　1. 初遇篇（晨光场景）

　　"7:30，晨光穿透教学楼玻璃，新生抱着课本在走廊上跟跄奔跑。镜头跟随飘落的银杏叶穿过走廊，在转角处撞上抱作业的眼镜男生，纸张雪花般散落。慢镜头捕捉两人慌乱对视时的睫毛颤动，朝阳在金属眼镜框上折射出光斑，背景虚化的值周生吹响迟到哨。新海诚式光影滤镜，浅焦镜头突出手部特写"

　　2. 暗恋篇（午间场景）

　　"正午顶光穿透图书馆的天窗，女生躲在书架后偷看篮球场。叠化镜头：男生跃起扣篮的剪影/女生在草稿本上涂鸦的篮球少年。风吹开窗边的笔记本，夹着的银杏书签落在男生刚归还的《飞鸟集》上。韦斯·安德森对称构图，粉色与青色调形成情愫暗示"

3. 互助篇（黄昏场景）

"17:20，夕阳将教室染成琥珀色，特写镜头里女生颤抖的手捏着53分的数学试卷。男生用红笔在银杏叶形状的便笺纸上写解题步骤，影子随窗纱拂动在两人手背交错。延时摄影展现窗外光影从金黄到紫红的变化，镜头最终聚焦在便笺纸上逐渐增多的鼓励话语"

剪辑逻辑与增强技巧

（1）符号化转场：用银杏叶贯穿每个段落（飘落—书签—便笺）

（2）光影时间线：从晨光到正午、黄昏，形成视觉韵律

（3）情绪弧线：青涩慌乱（50%）→甜蜜暗恋（70%）→温暖成长（90%）

每段提示词都预留了道具重复出现的空间，方便后期添加字幕或画外音串联剧情。

（3）在海螺AI的"主体参考"功能界面中，上传图片，选择包含主本的图片，人物面部清晰，尺寸符合要求，系统会自动提取图片中的主体信息，并生成一个主体模型，如图8-19所示。

图 8-19

（4）然后在文本框中输入剧情，如图8-20所示。

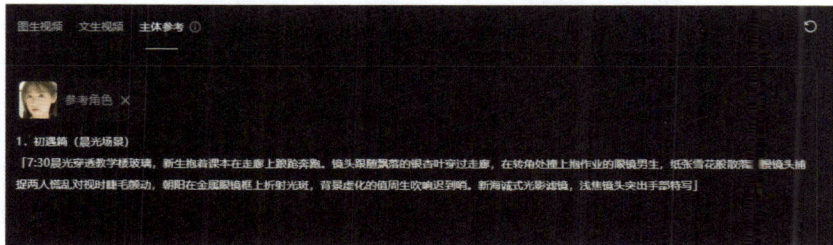

图 8-20

（5）选择"S2V-01"模型，设置"生成数量"为1，生成一次作品需要45贝壳，如图8-21所示。

图 8-21

（6）单击 按钮生成视频，效果如图8-22所示。

图 8-22

（7）在文本框中按顺序依次输入剧情，并生成视频。如果对视频效果不满意，可以多次生成，最后将生成的视频导出，按剧情发展剪辑成短片即可。

154

第 **9** 章

通义万相：创意引擎，零基础也能玩转短视频

通义万相是阿里云推出的AI多模态内容生成平台，依托强大的通义大模型技术，为用户提供从文字到图像、从静态到动态的一站式创意解决方案。通过"文生图""图生视频"等核心功能，用户仅需输入描述或上传素材，即可生成高质量的图像与影视级短视频，支持水彩、3D卡通等多种风格及风格迁移、相似图生成等玩法。零基础用户也能快速上手，适用于电商、社交媒体、艺术设计等场景，助力用户高效产出个性化内容。

9.1 认识通义万相

通义万相能够为创作者提供高质量的AI图像和视频生成服务，帮助用户轻松实现创意表达和内容创作。要开启通义万相的创作之旅，首先要了解这一工具的独特功能与优势。

9.1.1 通义万相的功能介绍

通义万相作为阿里云推出的一款多模态AI创作平台，具备强大的AI图像和视频生成能力，致力于为用户提供一个全面、智能且对用户友好的创作环境。以下是通义万相具备的一些核心功能。

1. 多风格图像生成

通义万相在图像功能方面表现出色，用户只需输入一段文字描述，即可生成风格各异的图像，从清新柔美的水彩画到细腻厚重的油画，从意境悠远的中国画到充满未来感的3D卡通风格。平台不仅支持从零开始的文本生成图像，还提供了"相似图像生成"功能，能够基于已有图像进行风格延展或跨媒介转化。例如，用户可以上传一张普通的风景照片，AI会将其转化为梵高风格的星空画作，或者将一张现代建筑的图片转化为水墨山水画。这一特性极大地提升了图像创作的灵活性和多样性。

2. 涂鸦与智能补全

通义万相特别推出了涂鸦作画功能，让创作者可以用简单的线条和色彩勾勒出心中的画面，AI会自动补全细节，赋予作品更丰富的表现力。这一功能降低了创作门槛，即使没有专业绘画技能的用户也能轻松创作出高质量的艺术作品。

3. AI视频生成

在视频方面，通义万相的AI视频生成能力尤为突出。用户可以通过"文生视频"功能，将文字描述转化为动态视频；而"图生视频"功能则允许用户将静态的图像转化为动态的场景，为传统图片赋予生命力。平台支持复杂的动作展示和物理规律还原，确保视频内容真实生动，满足从日常记录到专业创作的多元化需求。

4. 灵感扩写与创意扩展

通义万相提供"灵感扩写"功能，帮助用户扩展创意。用户只需输入一个简单的创意，AI会自动扩展为更完整、更具体的场景描述，并自动生成与视频主题匹配的音频，实现音画同步。这一功能为创作者提供了强大的创意支持，尤其适合需要快速生成内容的场景。

5. 中式元素优化表现

值得一提的是，通义万相特别优化了对中式元素的表现，使其在国风内容创作方面具有独特优势。无论是传统山水画还是现代国风设计，平台都能精准还原文化特色，为创作者提供更具本土化特色的创作工具。

9.1.2　登录通义万相

想要使用通义万相开启短视频创作之旅，首先得完成注册并登录。

（1）打开浏览器，在地址栏输入通义万相官网地址，进入官网页面，如图9-1所示。

图 9-1

（2）单击左下角的"立即登录"按钮后，会弹出登录/注册界面。如果已经有阿里云账号，直接登录即可；如果还没有阿里云账号，也别担心，按照页面提示进行注册，填写相关信息，轻松几步就能拥有属于自己的账号，如图9-2所示。

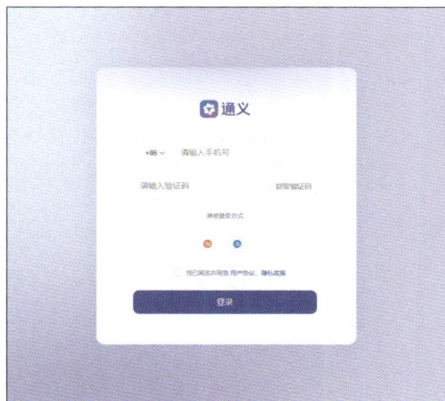

图 9-2

9.1.3 通义万相的基础页面介绍

初次打开通义万相，可能会觉得内容丰富，但别担心，只需花点时间熟悉一下，就能轻松上手。

整个页面布局简洁明了，功能区划分清晰。页面左侧是主要的功能区，如"探索发现""文字作画""视频生成""应用广场""我的收藏"等核心功能都集中在这里。每个功能都有对应的图标和文字说明，一目了然，如图9-3所示。

图 9-3

➢ "探索发现"：用户每次打开通义万相的默认页面，在这里可以快速进入"文字作图""视频生成"页面。

➢ "文字作画"：即文生图功能。

➢ "视频生成"：即"文生视频"和"图生视频"功能。

➢ "应用广场"：方便查看通义万相所有应用，如"文字作画""涂鸦作画""相似图生成"等。

➢ "我的收藏"：用户可以在这里查看、管理收藏的视频和图像。

➢ "灵感值"：使用通义万相创作的货币。灵感值规则说明如图9-4所示。

➢ "API调用"：通义万相的API参考模型介绍。

➢ "我的"：用户可以在这里查看个人信息、消息、交流群和反馈。

灵感值规则说明
- 每日签到，可获取50点灵感值，有效期30天
- 每日反馈，对创作结果点赞点踩可获取5点灵感值，每日反馈上限2次，有效期30天
- 创作投稿，对创作结果投稿并成功采纳可得20点灵感值，每日投稿上限2次，有效期30天

图 9-4

9.2　AI图像功能

通义万相的AI图像功能独具特色，就像神奇的魔法，能将人们脑海中的奇思妙想变成一幅幅精美的图像，为短视频创作提供丰富的素材和创意。

9.2.1　文字作画：小松鼠四格漫画

"文字作画"功能堪称通义万相的核心亮点之一，它就像一个神奇的魔法盒子，只需输入文字描述，它就能瞬间生成精美的图像。其背后的原理，是通过深度学习大量的文本与图像数据，让模型学会理解文字中的语义、情感和视觉特征，进而将文字转化为对应的图像元素。

为了让生成的效果更加理想，这里还有一些小技巧分享给大家。在输入文字描述时，尽量使用具体、详细的词汇。比如，在描述人物时，可以加上年龄、外貌特征、穿着打扮等细节；在描述场景时，要明确环境、天气、光线等元素。还可以适当添加一些艺术风格的描述词，如"超现实主义""印象派"等，这样能让生成的图像更具艺术感。

下面一起来体验这个神奇的功能吧！

（1）进入通义万相首页，单击左侧的"文字作画"按钮，进入创作页面，如图9-5所示。

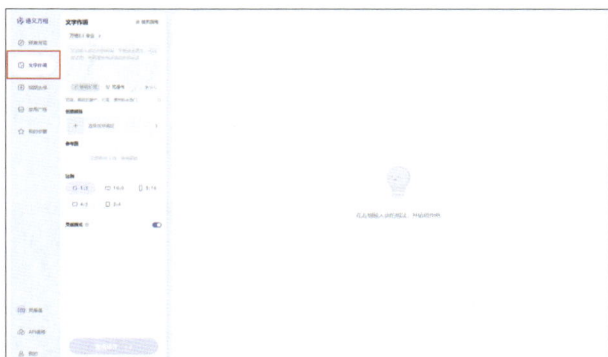

图9-5

（2）在文本框中输入"雪景，森林，微距，松鼠，细节清晰，高质量，8K"，如果用户对文案不满意，还可以使用"智能扩写"和"咒语书"功能优化提示词，如图9-6所示。

（3）设置模型为"万相2.1专业"、"创意模板"为"四格漫画"，开启"灵感模式"，如图9-7所示。

图 9-6

图 9-7

（4）单击"生成画作"按钮，生成的作品如图9-8所示。

图 9-8

9.2.2　涂鸦作画：小猫的油画像

"涂鸦作画"功能为人们提供了一种更加自由、个性化的创作方式。操作流程非常简单，进入"涂鸦作画"页面后，会看到一个空白的画板。在画板上，可以使用画笔工具随意涂鸦。画笔有多种样式供用户选择，比如粗细不同的线条、不同形状的笔触等，满足用户多样化的创作需求。

在创意涂鸦时，大家不妨大胆发挥想象，不要拘泥于传统的绘画方式，可以先从一些简单的形状开始，如圆形、方形、三角形等，然后通过文字描述赋予它们丰富的内涵。此外，也可以尝试不同的色彩搭配，为涂鸦增添更多的视觉冲击力。

下面绘制一幅小猫主题的油画像，具体步骤如下。

（1）进入通义万相首页，单击左侧的"应用广场"按钮，选择"涂鸦作画"功能，如图9-9所示。

图 9-9

（2）进入"涂鸦作画"页面，单击左侧的画板进行涂鸦，如图9-10所示。

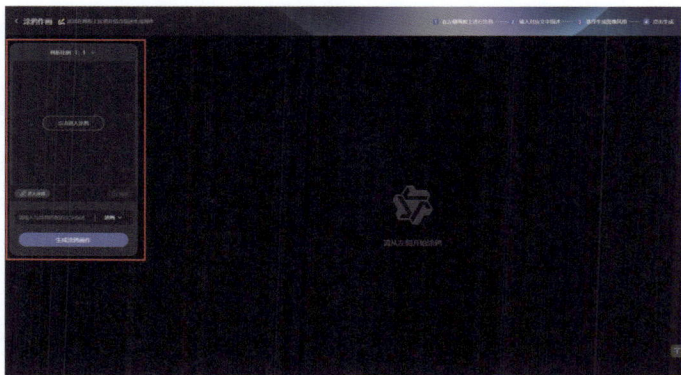

图 9-10

161

（3）在文本框中输入"小猫"。通义万相提供了5种风格：扁平插画、油画、二次元、水彩、3D卡通，本案例选择"油画"画风，如图9-11所示。

（4）单击"生成涂鸦画作"按钮，生成的作品如图9-12所示。

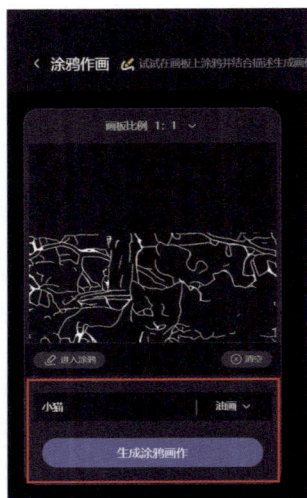

图9-11

图9-12

9.2.3 相似图生成：抹茶蛋糕系列

"相似图生成"功能对于丰富人们的创作素材库来说，简直太实用了。当看到一张非常喜欢的图片，但又想在此基础上进行一些变化和拓展时，这个功能就能派上用场。它的作用就是以人们上传的图片为基础，通过算法分析图片的内容、风格、色彩等特征，生成与之相似但又有所不同的图像。

比如在创作美食短视频时，找到了一张精美的蛋糕图片，想要更多类似风格的蛋糕图片作为素材。这时，将这张蛋糕图片上传到通义万相，使用"相似图生成"功能就能快速生成一系列不同角度、不同装饰的蛋糕图片，具体步骤如下。

（1）进入通义万相首页，单击左侧的"应用广场"按钮，选择"相似图生成"功能，如图9-13所示。

图 9-13

（2）进入"相似图生成"页面，上传参考图，生成的图片会根据用户上传图片的比例进行适配。输出的比例包括1∶1、16∶9、9∶16等，如图9-14所示。

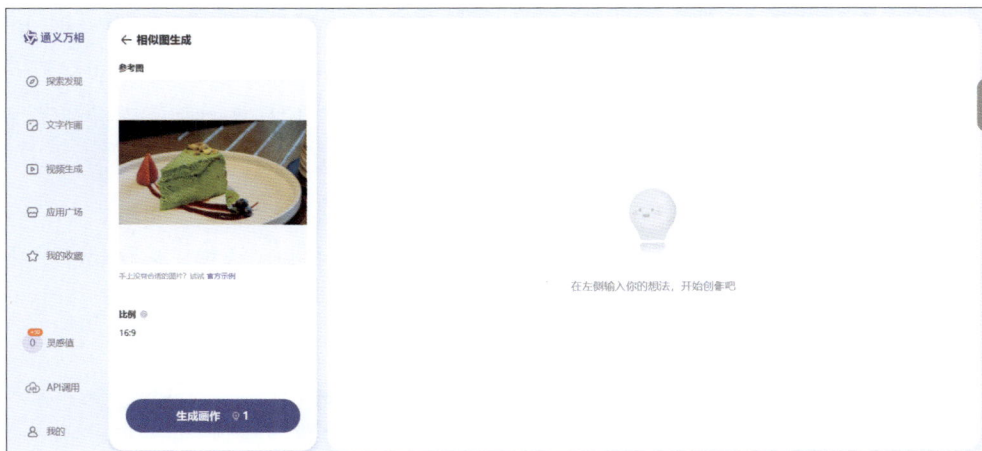

图 9-14

（3）单击"生成画作"按钮，生成的作品如图9-15所示。

图 9-15

9.2.4　风格迁移：海边的晚霞

"风格迁移"是一个能让图像瞬间变身的神奇功能。简单来说，就是将一张图像的风格应用到另一张图像上，同时保留原始图像的内容。

比如，创作者有一张普通的风景照片，又非常喜欢梵高《星月夜》那种独特的笔触和色彩风格，通过"风格迁移"功能，上传风景照片和《星月夜》，通义万相就能将《星月夜》的风格迁移到风景照片上，原本平凡的风景照片瞬间就拥有了梵高画作的艺术韵味，画面中的天空变得流动起来，色彩也更加鲜艳夺目。

下面用一个案例来深入介绍这个功能。

（1）进入通义万相主页，单击左侧的"应用广场"按钮，选择"风格迁移"功能，如图9-16所示。

图 9-16

（2）进入风格迁移页面，上传风格图和原图，如图9-17所示。

图 9-17

（3）单击"生成画作"按钮，生成的作品如图9-18所示。

图 9-18

9.2.5　识图玩法：小猫请神

"识图玩法"为人们打开了一扇全新的创意大门。它的具体内容包括图像识别、图像分析及基于识别和分析结果的创意拓展。当用户上传一张图像后，通义万相能快速识别出图像中的物体、场景、人物等元素，并对其进行分析。下面一起来学习如何使用这个功能。

（1）进入通义万相主页，单击左侧的"应用广场"按钮，选择"识图玩法"功能，如图9-19所示。

图9-19

（2）进入"识图玩法"页面，上传一张小猫的图片，如图9-20所示。

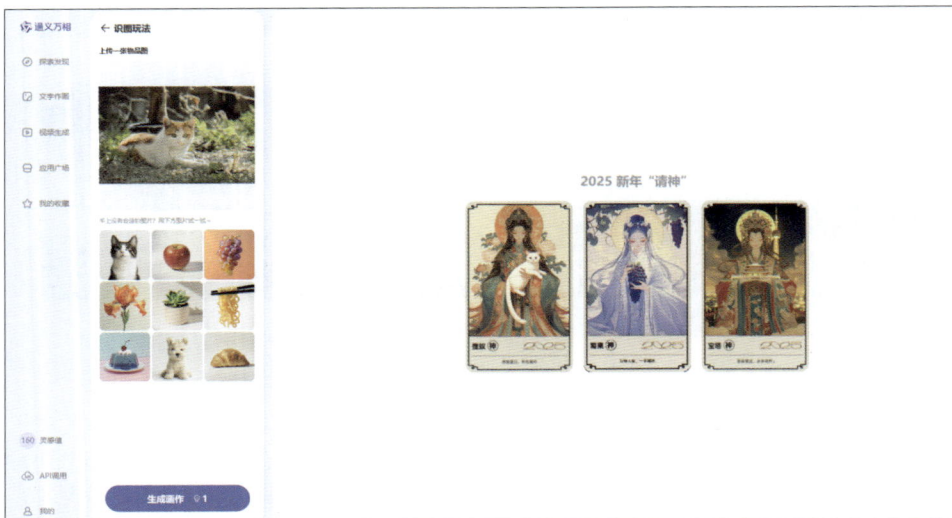

图9-20

（3）单击"生成画作"按钮，生成的作品如图9-21所示。

图 9-21

9.3　AI视频功能

AI视频功能是通义万相的核心功能之一，支持通过文字或图片生成高质量的短视频，包括"文生视频"和"图生视频"两大功能。用户只需输入描述文本或上传参考图片，AI即可自动生成具有电影级质感、动态效果逼真的视频。

9.3.1　文生视频：古风女孩短片

用户只需输入文字描述（如场景、动作或风格提示词），系统即可自动生成符合要求的动态视频内容，支持调整分辨率、模拟物理运动，并优化影视级视觉效果，适用于短视频创作、广告设计等场景。操作时，在"视频生成"界面输入文案并设置参数，即可快速生成高质量的视频。

为了让生成的视频更加精彩，这里有一些创作心得分享给大家。在撰写提示词时，要尽可能地详细和具体。比如，描述一个人物，不要只说"一个女孩"，可以说"一个扎着马尾辫，穿着白色连衣裙，脸上洋溢着甜美笑容的女孩"；在描述场景时，要明确时间、地点、环境等因素。还可以添加一些情感和氛围的描述，如"紧张刺激的冒险场景""温馨浪漫的约会画面"等，这样能让生成的视频更具感染力。

下面一起来学习如何使用"文生视频"功能制作一个AI视频，具体步骤如下。

（1）进入通义万相主页，单击左侧的"视频生成"按钮，如图9-22所示。

（2）单击"文生视频"按钮，在文本框中输入"黑发古风女孩，快速转身微笑，国风发髻，纯色高清"，选择视频"比例"为16：9，开启"灵感模式"和"视频音效"功能，如图9-23所示。

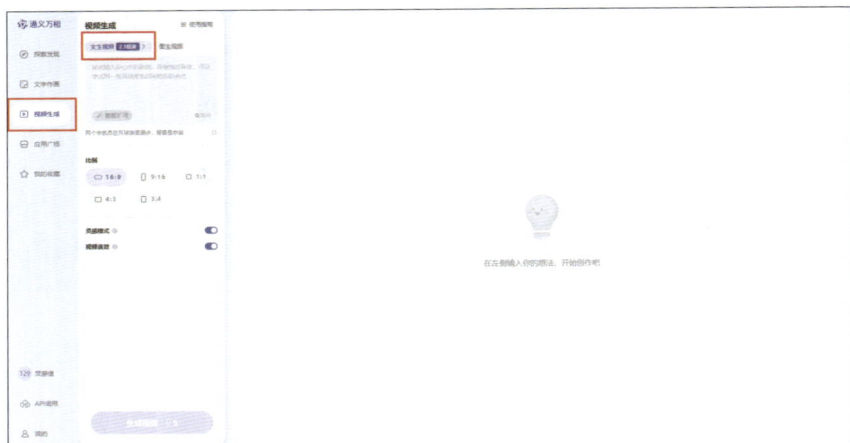

图9-22

（3）单击"生成视频"按钮，生成的作品如图9-24所示。

图9-23

图9-24

9.3.2 图生视频：放孔明灯的女孩短片

"图生视频"功能允许用户上传一张静态图片，通义万相会基于图片内容自动生成动态视频。该功能通过AI技术分析图片中的元素（如场景、物体或人物），并模拟合理的运动效果和场景变化，将静态的画面转化为富有创意的短视频，适用于内容创作、广告设计等场景。

如果想让生成的视频更具吸引力，可以采用下面这些技巧。在选择图片时，尽量选择构图清晰、主题明确的图片，这样能为视频生成提供更好的基础。在进行创意描述时，可以充分发挥想象，描述图片中元素的运动、变化和互动。比如，如果图片中有一朵花，可以描述它如何慢慢绽放、蝴蝶如何围绕它飞舞等。此外，还可以添加一些特效和音效的描述，如"在画面中添加闪烁的光影特效""配上激昂的背景音乐"等，让视频更加生动、有趣。

下面一起来利用首尾帧功能制作一个主题为"放孔明灯的女孩"的AI短视频，具体步骤如下。

（1）进入通义万相主页，单击左侧的"视频生成"按钮，如图9-25所示。

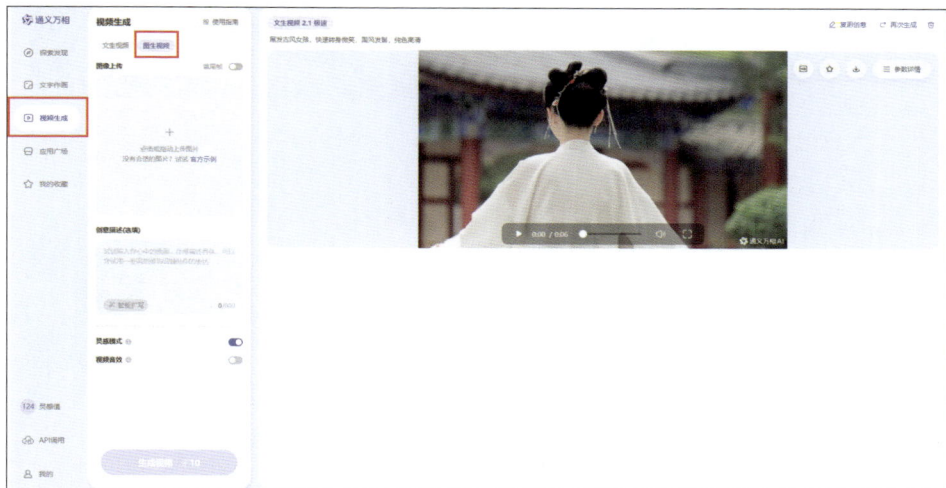

图 9-25

（2）单击"图生视频"按钮，开启"首尾帧"功能，上传图片，如图9-26所示，左图为首帧，右图为尾帧。

图 9-26

169

（3）在文本框中输入"视频描述了一个宁静的夜晚，月光洒在古老的院落中。镜头聚焦于一位古风美女，她手中亮起的孔明灯散发着温暖的光辉。她轻轻松手，孔明灯缓缓升起。镜头拉远，定格在灯光闪烁的瞬间，留下满满的祝福与期待。"选择视频"比例"为16∶9，开启"灵感模式"和"视频音效"功能，如图9-27所示。

（4）单击"生成视频"按钮，生成的作品如图9-28所示。

图 9-27

图 9-28

第 **10** 章

讯飞绘镜：短视频界的"全能管家"，从写脚本到剪成片全程包办

　　作为一款AI视频一站式创作平台，讯飞绘镜凭借其强大的功能和便捷的操作，为短视频创作带来了全新的解决方案。它的出现，就像为创作者们配备了一个全能管家，从写脚本到剪成片，全程包办，让创作变得轻松简单，让想象力得以自由驰骋。接下来就让我们一起深入了解讯飞绘镜，探索它的神奇之处吧！

10.1　认识讯飞绘镜

讯飞绘镜能够为短视频创作提供高质量的视觉素材，帮助创作者实现更加生动的视觉效果。要开启在讯飞绘镜的创作之旅，首先需要认识它。

10.1.1　讯飞绘镜的功能介绍

讯飞绘镜作为科大讯飞推出的一款AI视频创作平台，凭借其强大的快速素材生成功能和MV创作功能，为内容创作者提供了一个高效、智能且富有创意的工具。以下是讯飞绘镜具备的一些核心功能。

1. 快速素材生成功能

讯飞绘镜在快速素材生成方面展现出了令人惊叹的效率与精准性。用户只需输入一段创意描述，AI便能瞬间生成对应的脚本和分镜画面，将抽象的文字转化为具体的视觉呈现。例如，用户输入"一场雨夜中的城市街景，行人撑着伞匆匆走过"，AI会迅速生成包含雨滴动态效果、灯光反射细节及行人动作的分镜画面，为创作者节省宝贵的时间和精力。此外，平台支持"图生视频"和"文生图"两种模式，用户可以根据需求灵活选择创作方式。无论是从零开始的文字生成，还是基于已有图像的扩展创作，讯飞绘镜都能提供精准且富有表现力的素材。

2. MV创作功能

在MV创作上，讯飞绘镜更是将智能化推向了新高度。用户只需输入歌词或情节，AI便能自动生成个性化的MV脚本，并根据脚本内容智能生成分镜画面，确保视频的叙事流畅且情感表达到位。例如，用户输入"一首关于青春的歌词"，AI会生成与歌词情感匹配的分镜画面，如校园中的欢笑场景、夕阳下的奔跑画面等，同时自动调整镜头切换的节奏，让整个MV充满动感与感染力。平台还提供了丰富的视频生成模型和素材库，支持多种风格和叙事模式，从浪漫抒情到动感炫酷，满足不同用户的创作需求。

3. 智能剧本生成

讯飞绘镜的智能剧本生成功能可以根据用户的创意描述，快速生成完整的脚本，并优化情节结构，确保故事逻辑清晰、情感饱满。这一特性极大地提升了创作效率，使创作者能够专注于创意本身，而无须花费大量时间在脚本撰写上。

4. 动态分镜编排

动态分镜编排功能可以将脚本拆分为分镜画面，用户不仅可以自动完成分镜，还能手动调整镜头角度、时长及特效，赋予作品更多个性化表达。这一功能为创作者提供了极大的灵活性和创作自由度。

5. 多模型视频生成

多模型视频生成功能允许用户选择不同的模型生成动态视频，并支持单分镜多模型对比预览，帮助用户找到最符合创意的视觉呈现。这一特性确保了创作的多样性和高质量。

6. 智能音画合成

智能音画合成功能通过自动匹配背景音乐和AI配音，确保音画同步，让视频更具感染力和专业感。这一功能进一步提升了视频的整体质量，使作品更具吸引力。

10.1.2　登录讯飞绘镜

讯飞绘镜目前支持官网和客户端两种登录方式，大家可以根据自己的使用习惯进行选择。

1. 官网登录

打开常用的浏览器，在搜索框中输入"讯飞绘镜"，在搜索结果中找到带有官方标志的讯飞绘镜官网链接，单击进入官网页面。在官网首页，能看到醒目的"登录"按钮，单击它，会弹出登录界面。如果已经注册过账号，直接输入注册时使用的手机号或邮箱，再输入对应的密码，单击"登录"按钮，就能进入平台。如果还没有账号，也别着急，单击登录界面的"注册"按钮，按照提示填写相关信息，完成注册后即可登录，如图10-1所示。

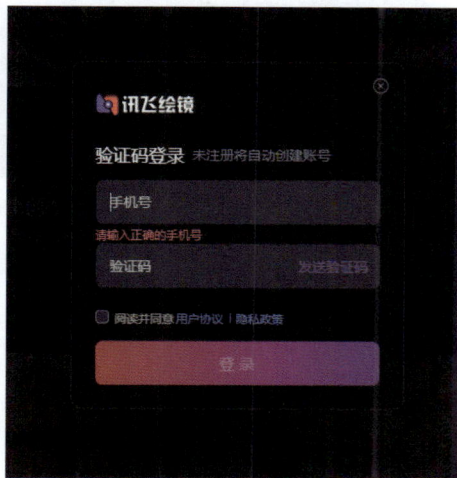

图 10-1

2. 客户端登录

客户端登录也很简单。前往讯飞绘镜官方网站，在网站上找到客户端下载入口，根据自己电脑的操作系统（Windows或者macOS），选择对应的安装包进行下载。下载完成后，找到安装包并双击运行，按照安装向导的提示完成安装。安装好客户端后，在电脑桌面上找到讯飞绘镜快捷方式，双击快捷方式打开讯飞绘镜。同样，在客户端的登录界面输入账号和密码，就能成功登录。

10.1.3 讯飞绘镜的基础页面介绍

成功登录后，映入眼帘的就是讯飞绘镜简洁而又功能强大的基础页面。整个页面布局合理，各个板块分工明确，就像一个井然有序的创作工作室，让创作者能够轻松上手，快速找到所需功能，如图10-2所示。

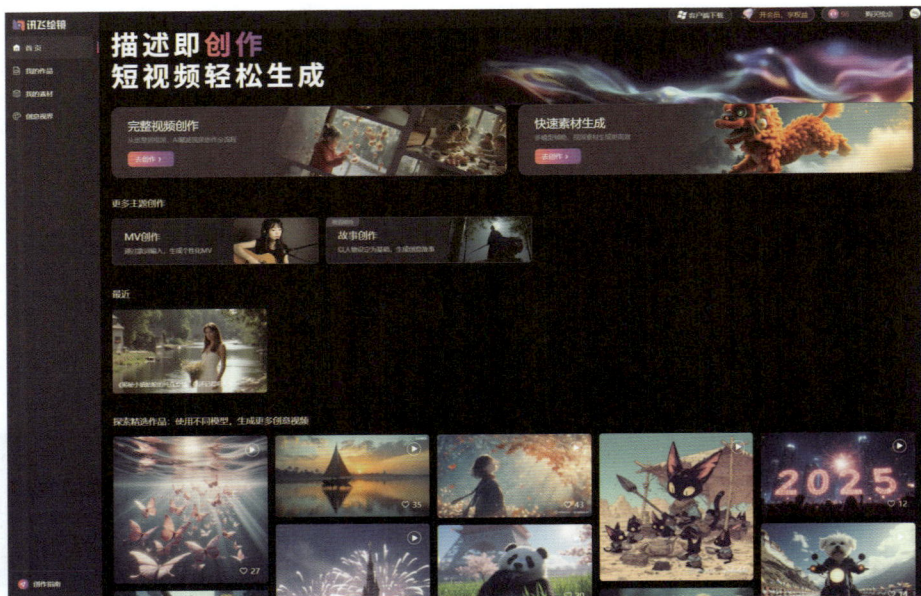

图10-2

➤ "首页"：用户每次打开讯飞绘镜的默认页面，在这里可以快速选择各种创作功能。

➤ "我的作品"：专门存放用户创作的作品，方便随时查看、管理和分享。

➤ "我的素材"：在这里可以查看已生成的素材，非会员素材仅保存30天。

➤ "创意世界"：汇聚了众多用户分享的优秀作品，能提供源源不断的灵感。

➤ "创作指南"：讯飞绘镜官方出品的创作教程，内含"绘镜小妙招""常见问题""创作指南"三大模块。

10.2 快速素材生成功能

讯飞绘镜的强大之处不仅在于其便捷的创作流程，更体现在它丰富多样的素材生成功能上，它能够帮助创作者快速获取高质量的素材，为视频创作源源不断地注入灵感和活力。

10.2.1　文生图：皮克斯动画风格小猫

讯飞绘镜的"文生图"功能，是将文字创意转化为视觉艺术的神奇桥梁。用户只需在输入框中输入一段文字描述，AI便能通过强大的算法快速生成与描述对应的精美图片。这一功能的背后，依托于讯飞绘镜先进的图像生成技术和海量数据训练，使得AI能够精准捕捉文字中的语义、情感和细节信息，并将其转化为栩栩如生的视觉画面。

要让生成的图片更符合预期，输入的文本描述需要尽可能详细、准确。描述越具体，AI生成的画面就越生动、形象。例如，如果希望生成一张动物的图片，不要只输入"一只猫"，而是可以这样描述："一只白色的短毛猫，眼睛是明亮的蓝色，正慵懒地躺在柔软的毛毯上，露出圆滚滚的肚皮，阳光透过窗户洒在它的身上，为画面增添温暖的光影。"这样的描述不仅让AI更清楚你的需求，还能赋予画面更多细节和情感表达。

此外，多尝试不同的关键词组合和表达方式，也能带来意想不到的效果。有时候，换一种说法或添加一些修饰词，比如"灵动""梦幻""复古"等，可能会让生成的画面更具艺术感和表现力。

下面一起来生成几张皮克斯动画风格的小猫图片，具体步骤如下。

（1）进入讯飞绘镜页面，单击"快速素材生成"中的"去创作"按钮，如图10-3所示，进入创作页面。

图10-3

（2）选择"文生图"模式，在文本框中输入"一只白色的短毛猫，眼睛是蓝色的，正躺在柔软的毛毯上，露出可爱的肚皮"，将风格设置为"动画-皮克斯"，设置图片比例为16∶9，如图10-4所示。

（3）单击"生成图片"按钮，消耗4绘点生成4张图片，如图10-5所示。

图10-4

图10-5

10.2.2　图生视频：舔爪子的小猫

　　讯飞绘镜的"图生视频"功能，是将静态创意转化为动态表达的绝佳工具。在生成精美的图片后，用户可以进一步利用这一功能，将图片转化为生动流畅的视频，轻松实现从视觉静态到动态叙事的跨越。

　　操作过程简单而高效。用户只需将生成的图片上传至平台，并根据需求设置视频参数，如帧率、时长、转场效果等，讯飞绘镜便会通过智能算法快速将图片串联起来，生成一段高质量的动态视频。整个过程无须复杂的剪辑技巧，即使是零基础的用户也能轻松上手。

　　更值得一提的是，在生成视频时，讯飞绘镜的"图生视频"功能会根据图片的内容和风格，自动匹配合适的转场效果和背景音乐。例如，如果图片是一组小猫舔爪子的可爱画面，AI会选择柔和的过渡效果和轻快的背景音乐，让视频的过渡自然、流畅，整体氛围协调统一，仿佛每一帧都在讲述一个完整的故事。

　　下面一起来利用"图生视频"功能生成一个小猫舔爪子的AI视频，具体步骤如下。

　　（1）进入讯飞绘镜页面，单击"快速素材生成"中的"去创作"按钮，如图10-6所示，进入创作页面。

图 10-6

　　（2）选择"图生视频"模式，上传图片，在文本框中输入"小猫舔一只前爪子"，选择"绘镜1.5"模型，如图10-7所示。

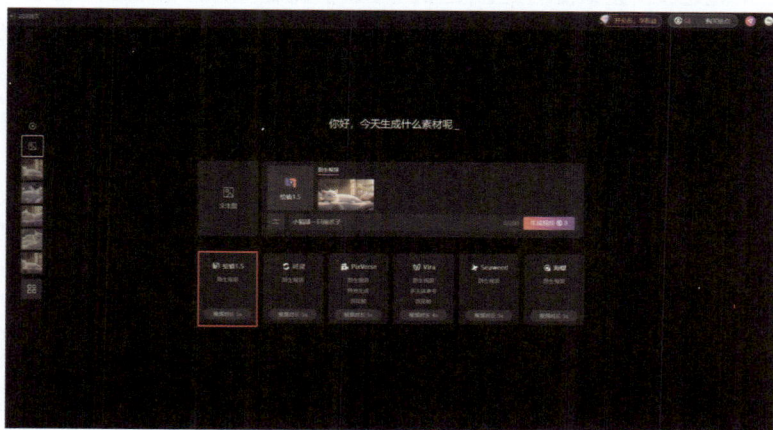

图 10-7

177

（3）单击"生成视频"按钮，消耗8绘点生成1个视频，如图10-8所示。

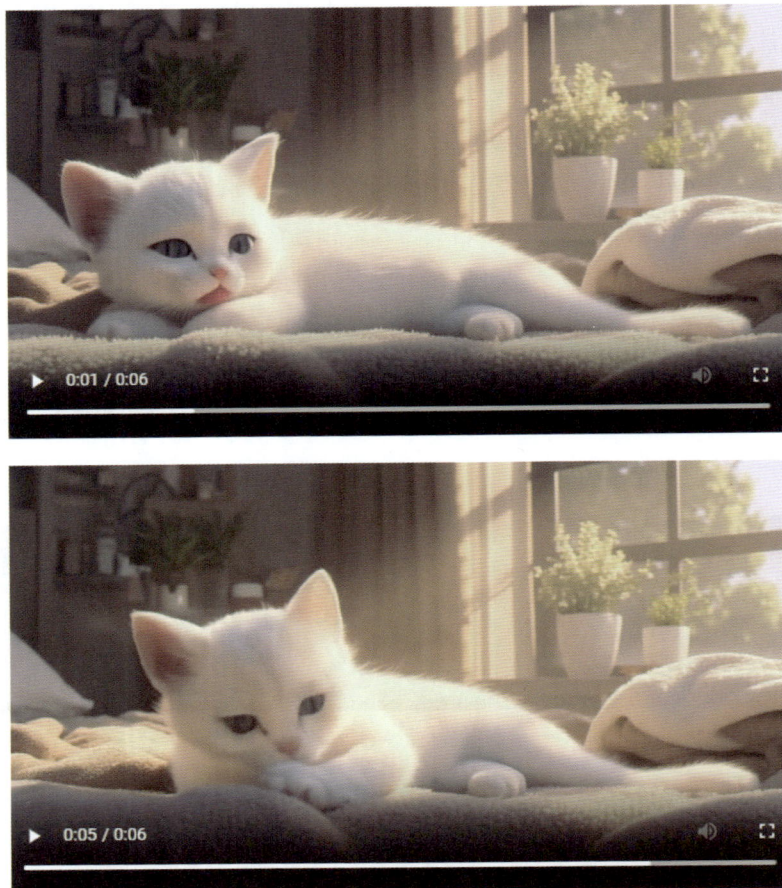

图10-8

10.3　MV创作功能

MV创作是讯飞绘镜的一项特色功能，它能帮助创作者轻松打造出具有专业水准的音乐视频。接下来一起深入了解一下讯飞绘镜的MV创作流程。

10.3.1　创作脚本：儿歌《虫儿飞》脚本

在使用讯飞绘镜创作MV时，脚本创作是整个流程的核心环节。即使没有专业的编剧经验，讯飞绘镜也能通过其强大的AI能力，帮助用户轻松完成从创意到脚本的转化。只需用文字描述出画面感，AI就能迅速将零散的描述编织成一个完整且生动的MV脚本。

比如，想要制作一首关于青春回忆的MV，只需在输入框中输入一些关键信息，比如"校园里的青涩时光，和朋友们一起上课、玩耍、参加运动会""毕业时的不舍与对未来的憧憬"。讯飞绘镜会基于讯飞星火大模型，将这些简单的描述迅速扩展为一份充满情感与画面感的脚本。AI会自动补充细节，比如"阳光洒在操场上的光影""毕业典礼上同学们的泪水与笑容"，让整体脚本既有叙事逻辑，又充满感染力。

接下来以儿歌《虫儿飞》为例，介绍讯飞绘镜如何帮助创作者创作一个充满童趣与自然意象的MV脚本，以下是具体步骤。

（1）进入讯飞绘镜页面，单击"MV创作"按钮，如图10-9所示，进入创作页面。

图 10-9

（2）上传本地音频和歌词"黑黑的天空低垂，亮亮的繁星相随，虫儿飞虫儿飞，你在思念谁，天上的星星流泪，地上的玫瑰枯萎，冷风吹冷风吹，只要有你陪。"然后截取与歌词匹配的音频段落，如图10-10所示。

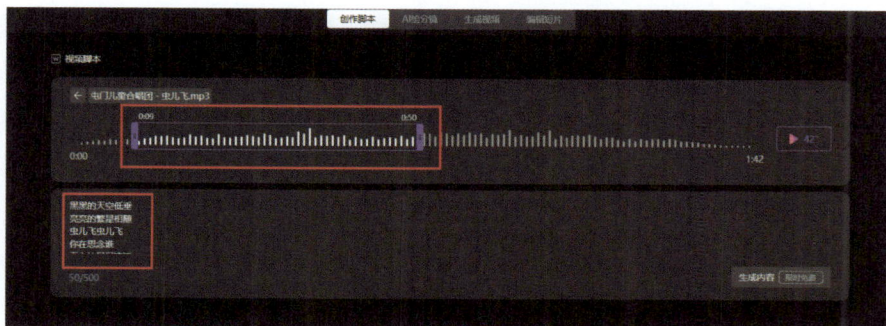

图 10-10

（3）单击"生成内容"按钮即可，生成的视频脚本如图10-11所示。

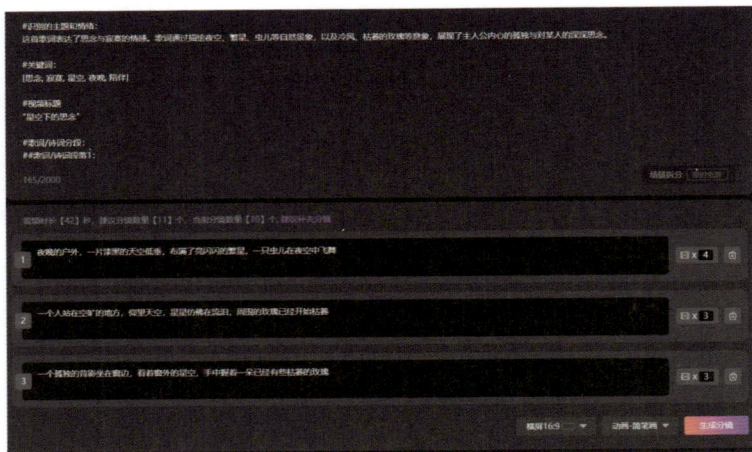

图 10-11

10.3.2　AI绘分镜：儿歌《虫儿飞》分镜

完成脚本创作后，就进入了AI绘分镜环节。讯飞绘镜会依据生成的脚本，借助讯飞星火大模型的智能分析，将整个视频内容划分为一个个合理的场景。这些场景进一步被拆解为专业的分镜画面，为后续的视频制作提供清晰的视觉蓝图。

在这一环节，会同步呈现分镜的描述与画面，让用户能够直观地理解每个分镜的内容与创作意图。这种直观性不仅节省了时间，还为创作者提供了更大的发挥空间。用户可以根据自己的创意和需求，对分镜进行随心所欲的调整。例如，如果某个分镜中人物的表情不够灵动，或者场景的色彩与预期不符，用户可以直接在平台上进行修改，甚至可以重新定义场景的氛围。

此外，也可以根据叙事逻辑或创意需求对分镜的顺序进行调整。用户还可以为每个分镜添加详细的标注和说明，确保每个画面都能精准地传达创作意图。这种灵活性让创作过程更加高效，同时也让作品更具个性化。

接下来以《虫儿飞》MV为例，介绍如何将脚本转化为生动的分镜画面。以下是具体步骤。

（1）根据生成的视频脚本绘制分镜，设置分镜数量，如图10-12所示。

（2）设置比例为"横屏16：9"、分镜风格为"动画-简笔画"，单击"生成分镜"按钮，如图10-13所示。

（3）每次消耗2绘点生成两个分镜，生成的作品如图10-14所示。

图 10-12

图 10-13

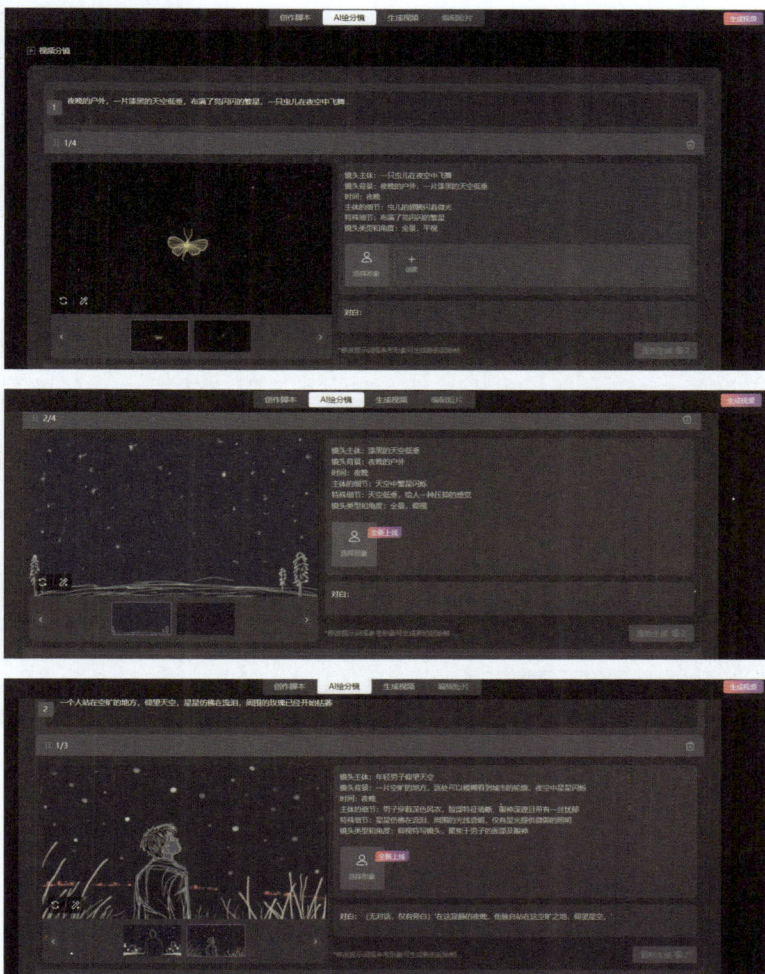

图 10-14

10.3.3 生成视频：儿歌《虫儿飞》素材视频

在确定分镜后，便可以正式进入视频生成阶段。讯飞绘镜为创作者提供了6类视频生成模型，每种模型都各具独特的优势，能够适配多样化的创作需求。无论是想要制作充满童趣的卡通风格，还是追求细腻写实的视觉效果，这些模型都能精准匹配用户的创意，帮助用户轻松实现从分镜到动态视频的转化。

这些模型不仅涵盖了广泛的风格类别，还通过智能算法优化了细节表现，比如动态效果的流畅性、色彩的协调性及画面的层次感。用户可以根据脚本内容和创作主题，选择最适合的模型，确保生成的视频既符合预期，又充满表现力，如图10-15所示。

接下来以《虫儿飞》MV为例，介绍如何将分镜画面转化为视频，以下是具体步骤。

（1）单击右上角的"生成视频"按钮，如图10-16所示。

图 10-15

图 10-16

（2）根据需要调整视频参数，选用"绘镜1.5"模型，并根据实际情况调整精细度，如图10-17所示。

（3）单击"生成视频"按钮，消耗8绘点将所有分镜生成一段视频，然后导出，如图10-18所示。

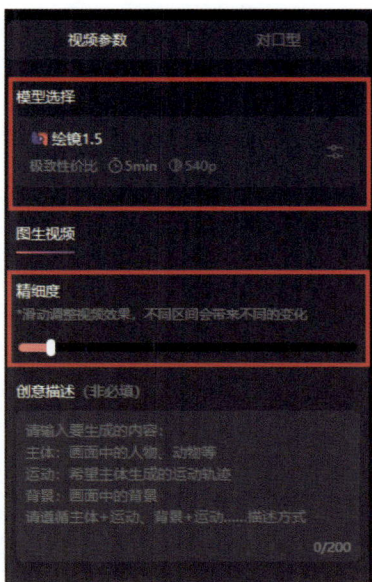

图 10-17

图 10-18

10.3.4　编辑短片：儿歌《虫儿飞》MV剪辑

　　生成视频后，为了让MV更加完美，还可以对其进行进一步的编辑和优化。在讯飞绘镜的编辑界面中，用户可以进行多种操作，包括调整画面细节、优化音效、添加特效等，从而提升视频的整体表现力。

　　需要注意的是，目前讯飞绘镜的短片编辑功能仅支持客户端使用。用户可以选择下载讯飞绘镜客户端，直接在平台上完成编辑；也可以将生成的视频素材导出，然后导入至剪映专业版进行剪辑。剪映专业版凭借其强大的功能和易用性，成为许多创作者的首选工具。

　　下面以剪映专业版为例，详细说明如何对生成的MV进行剪辑和优化。以下是具体步骤。

　　（1）打开压缩包，找到video文件夹，解压分镜视频，如图10-19所示。

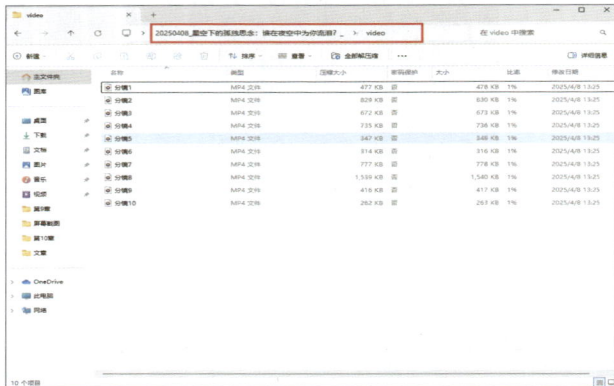

图10-19

　　（2）打开剪映专业版，单击"开始创作"按钮，将10个分镜视频导入，按顺序拖至下方的轨道中，如图10-20所示。

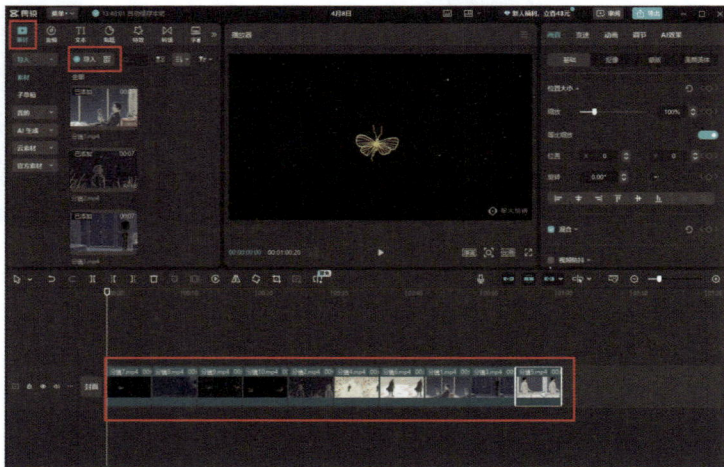

图10-20

（3）将提前准备好的音乐导入，同时关闭视频原声，调整视频和音频时长，如图10-21所示。

图10-21

（4）根据音频调整视频。单击视频，然后在右侧的工具栏中找到"变速"选项，单击并"常规变速"选项卡，分镜及变速设置具体如下：分镜7变速0.5×、分镜10变速0.6×、分镜2变速0.8×、分镜8变速1.2×、分镜4变速0.6×、分镜6变速1.2×、分镜9变速0.9×、分镜3变速0.8×、分镜1变速0.8×、分镜5变速0.9×，如图10-22所示。

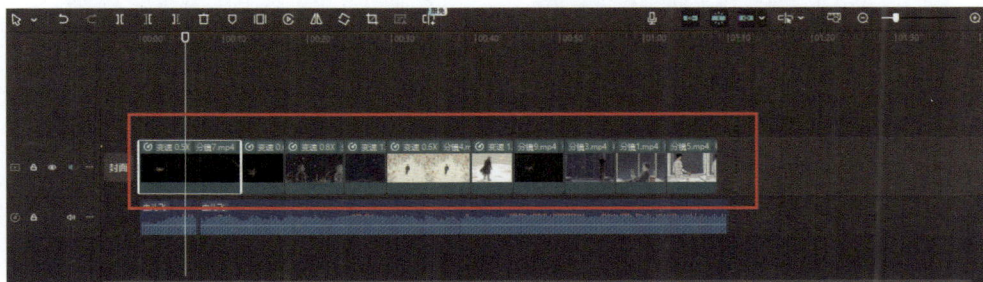

图10-22

（5）选择"转场"工具，单击"叠化"按钮，使用叠化转场效果，设置时长为0.5s，单击"应用全部"按钮，如图10-23所示。

图 10-23

（6）选择"字幕"工具，单击"智能识别"按钮，使用"识别字幕"功能，选择"多彩粗体"歌词动效，单击"识别歌词"按钮，即可自动匹配字幕，如图10-24所示。

（7）选择音乐轨道，设置"淡入时长"为3s、"淡出时长"为3s，如图10-25所示。

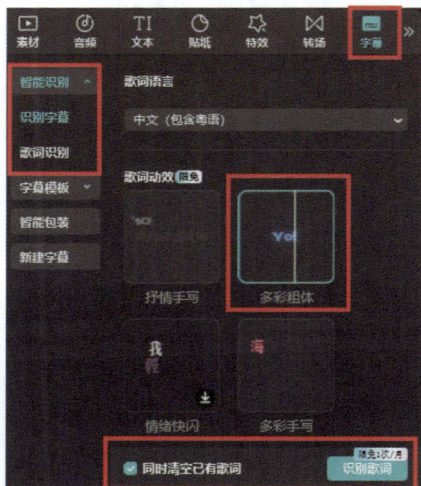

图 10-24

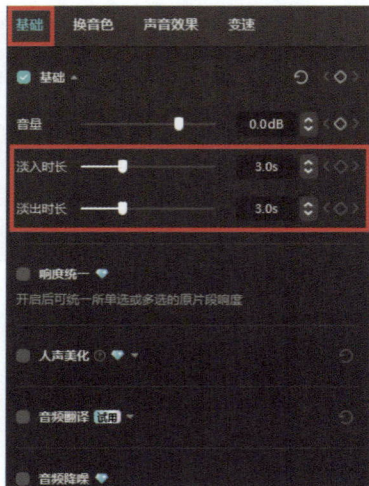

图 10-25

（8）检查一遍视频效果，如果没问题单击右上角的"导出"按钮，设置"分辨率"为1080P、"码率"为推荐、"编码"为H.264、"格式"为mp4、"帧率”为30fps，如图10−26所示。

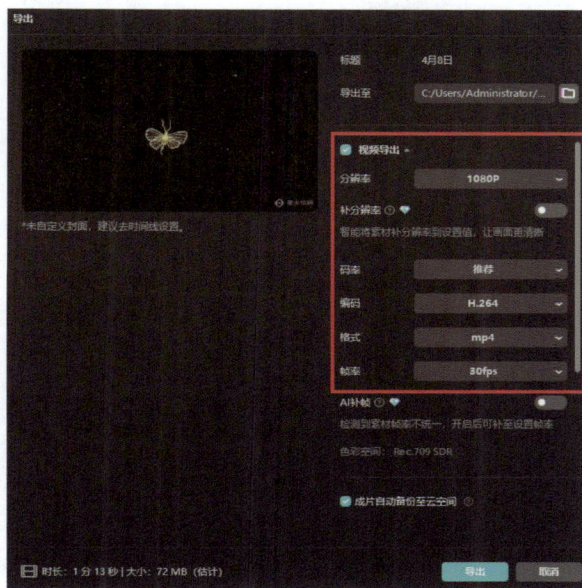

图 10−26

（9）生成的作品如图10−27所示。

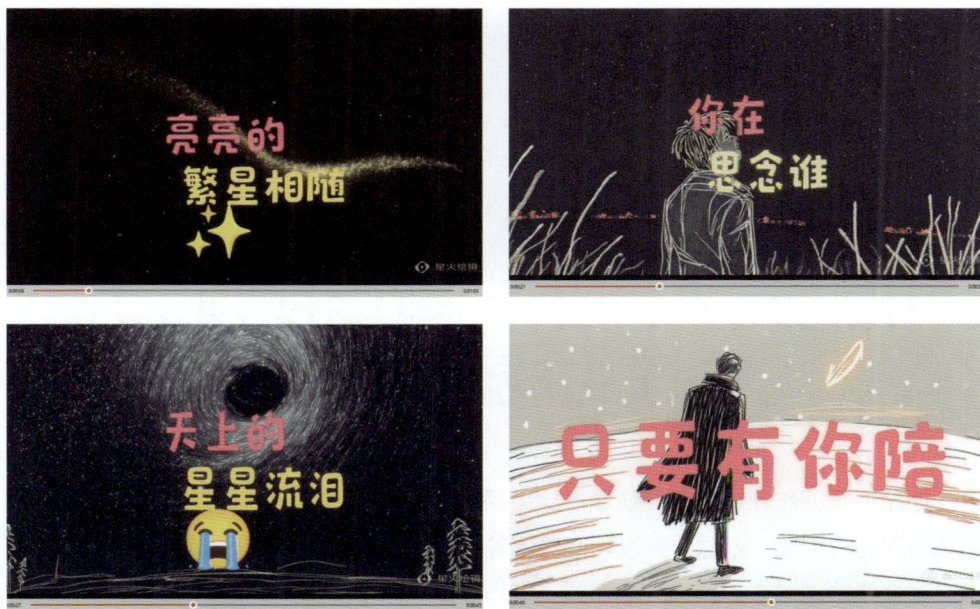

图 10−27

第 **11** 章

腾讯混元 AI 视频：智能视频工厂，快速生成优质内容

在短视频创作领域，想要快速产出高质量内容，创作者们往往需要花费大量时间和精力在脚本构思、素材收集及视频剪辑等环节。而腾讯混元AI视频的出现，为大家提供了全新的创作方式，极大地提高了创作效率。本章将深入介绍腾讯混元AI视频的各项功能，看看它是如何助力创作者们快速生成优质短视频内容的。

11.1　认识腾讯混元AI视频

腾讯混元AI视频能够为短视频创作提供强大的技术支持，帮助创作者打造更加专业、高效的视频内容。要开启腾讯混元AI视频的创作之旅，首先要深入了解这一工具的独特功能与优势。

11.1.1　腾讯混元AI视频的功能介绍

腾讯混元AI视频作为一款极具创新性的多模态生成工具，专注于在文生视频和图生视频领域的突破，为用户提供更多高效、智能且富有创意的视频创作解决方案。以下是腾讯混元AI视频具备的一些核心功能。

1. 文生视频功能

在文生视频领域，腾讯混元AI视频展现出了卓越的生成能力。用户只需输入一段文本描述，AI便能精准捕捉提示词，生成令人惊叹的高清视频。无论是中文还是英文，混元AI视频都能轻松驾驭，即使是复杂的场景和动作，也能完美呈现。这一特性极大地提升了视频创作的效率和质量，满足从日常记录到专业创作的多元化需求。

2. 图生视频功能

混元AI视频的图生视频功能为静态图片注入了生命力。用户只需上传一张图片，并配上简短的描述，AI就能让图片动起来，生成5秒的动态视频。同时，平台自动匹配背景音效，支持写实、动漫和CGI等多种风格，为用户提供更丰富的创作选择。

3. 对口型与动作驱动

对口型和动作驱动功能是腾讯混元AI视频的两大亮点。用户上传人物图片并输入文字或音频，就能让图片中的人物"说话"或"唱歌"。此外，通过选择动作模板，用户可以生成跳舞、挥手等动作的视频。这种功能不仅为短视频创作带来了全新的活力，也为广告创作、游戏角色动画和影视制作等领域提供了无限可能。

4. 多镜头生成与自然转场

混元AI视频具备多镜头生成与自然转场能力，能够根据文本提示生成多个镜头，并实现流畅的镜头切换。平台支持生成2K高清画质的视频，适用于多种角色和场景。这一特性确保了视频内容的连贯性和高质量，为用户带来专业级的创作体验。

11.1.2　登录腾讯混元AI视频

接下来详细介绍如何顺利登录腾讯混元AI视频，让大家能够迅速进入这个充满

189

无限可能的智能视频创作世界。

（1）打开浏览器，在地址栏输入腾讯混元AI视频官网地址，单击官网链接进入相应的页面，会弹出登录界面。目前腾讯混元AI视频支持微信、QQ、邮箱3种登录方式，如图11-1所示。除此之外，还可以用手机验证码登录。

图11-1

（2）登录后，单击下方的 中请体验 按钮即可，如图11-2所示。

图11-2

11.1.3　腾讯混元AI视频的基础页面介绍

登录成功后，进入腾讯混元AI视频的主页，就会看到一个布局简洁、功能分区明确的操作页面，如图11-3所示。

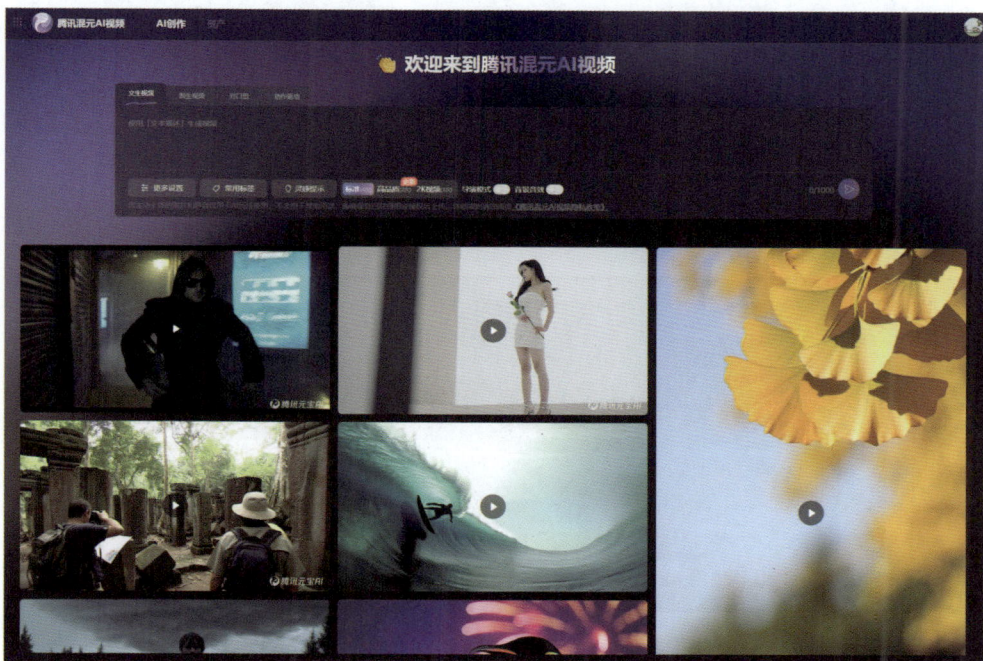

图 11-3

➤ "▦"：可以单击该按钮访问腾讯混元AI视频官网，以及切换至腾讯元宝。

➤ "AI创作"：可以在该页面使用"文生视频""图生视频""对口型""动作驱动"等功能。

➤ "资产"：可以在此处查看、管理生成的AI视频。

为了更好地使用腾讯混元AI视频，首先要了解AI创作页面的具体功能。

1. 文生视频

在"AI创作"页面选择"文生视频"选项，如图11-4所示。

图 11-4

➢ "更多设置"：单击此按钮显示更多选项，可以在"负向提示词"文本框中添加负向提示词，还可以设置视频比例、"Prompt增强"功能、"流畅运镜"功能、"丰富动作"功能等，如图11-5所示。

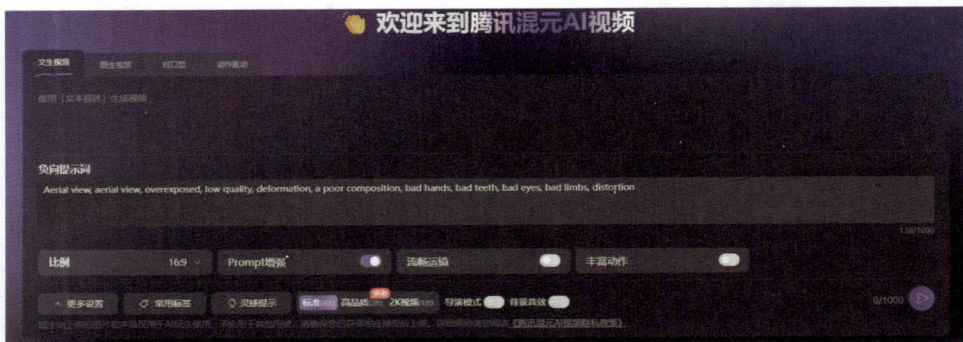

图 11-5

➢ "常用标签"：单击此按钮可以查看常用提示词，如光线、景别、氛围、电影类别、相机运动、风格、高质标签等，如图11-6所示。

图 11-6

> "灵感提示"：单击此按钮可以查看并使用提示词模板，包括转场视频、多动作视频、超写实视频3类，如图11-7所示。

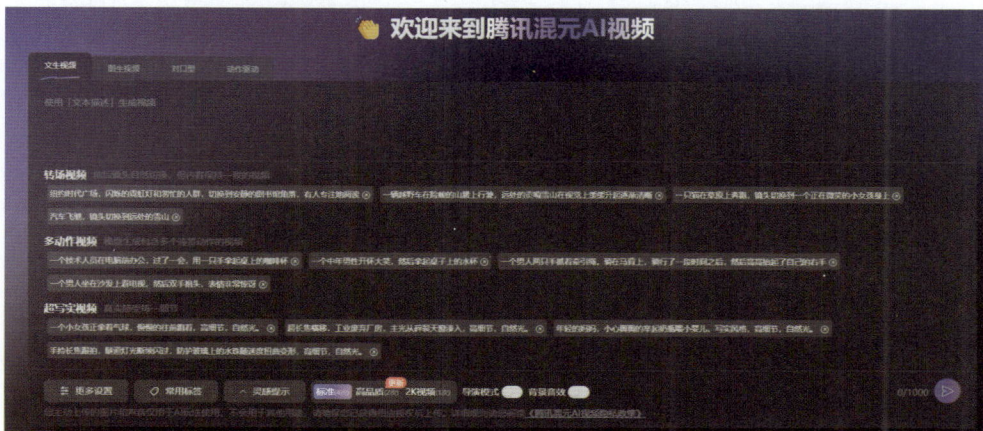

图 11-7

> "标准 高品质 2K视频"：用于设置视频画质，包括标准、高品质、2K视频。
> "导演模式"：开启该功能将自动完善输入框内的提示词。
> "背景音效"：开启该功能，生成的AI视频将带有合适的背景音效。

2. 图生视频

在"AI创作"页面选择"图生视频"选项，如图11-8所示。

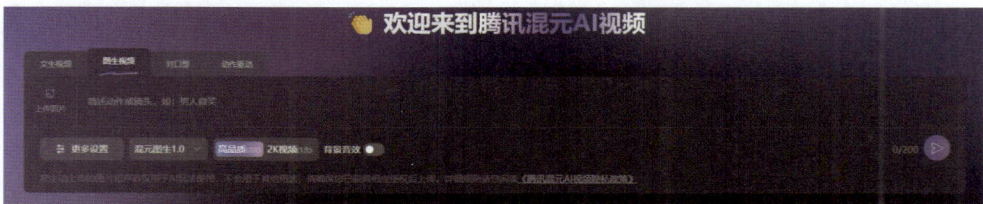

图 11-8

> "更多设置"：单击该按钮，显示更多选项，可以添加负向提示词、开启"Prompt增强"功能等，如图11-9所示。

193

图 11-9

> ➤ "模型选择"：目前仅支持"混元图生1.0"模型。
> ➤ "**高品质** **2K视频**"：用于设置视频画质，包括高品质、2K视频。
> ➤ "背景音效"：开启该功能，生成的AI视频将带有合适的背景音效。

3. 对口型

在"AI创作"页面选择"对口型"选项，如图11-10所示。

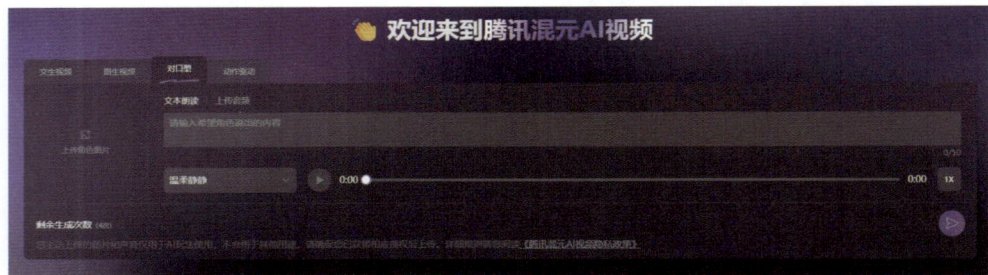

图 11-10

> ➤ "上传角色图片"：单击此按钮，可以上传对口型的人物形象参考图。
> ➤ "文本朗读"：单击此按钮，在文本框中输入文案，然后选择合适的音色。
> ➤ "上传音频"：上传音频文件，支持MP3、WAV、M4A、FLAC、AAC、OGG格式，最多支持上传10MB、10s的音频，该功能会自动裁剪音频。

4. 动作驱动

在"AI创作"页面选择"动作驱动"选项，如图11-11所示。

图 11-11

> ➤ "上传角色图片"：单击此按钮，可以上传动作驱动的人物形象参考图。
> ➤ "选择动作模板"：目前腾讯混元AI视频的"动作驱动"功能提供了5套动作模板，如图11-12所示。

图 11-12

11.2　文生视频功能

腾讯混元AI视频的"文生视频"功能通过智能技术将文本快速转化为动态视频，用户只需输入文案，即可自定义视频比例、添加负向提示词，并利用"Prompt增强""流畅运镜""丰富动作"等功能优化生成效果。系统提供光线、景别、氛围等常用标签辅助创作，并内置转场、多动作、超写实等灵感模板，简化创作流程。腾讯混元AI视频支持标准、高品质、2K三种画质选择，开启"导演模式"可自动完善提示词，同时可选配背景音效，全面降低创作门槛，高效生成高质量的短视频。

下面使用"文生视频"功能制作一段AI视频，具体步骤如下。

（1）打开浏览器，在地址栏输入腾讯混元AI视频官网地址，单击官网链接，进入官网页面，在"AI创作"页面单击"文生视频"按钮，如图11-13所示。

图 11-13

（2）在文本框中输入"一个小女孩正拿着气球，慢慢地往前跑着，氛围愉快，高细节，自然光"，单击"更多设置"按钮，设置视频比例为16∶9，开启"Prompt增强"功能和"流畅运镜"模式，选择"标准"画质，如图11-14所示。

图 11-14

（3）单击 ▷ 按钮生成视频，如图11-15所示。

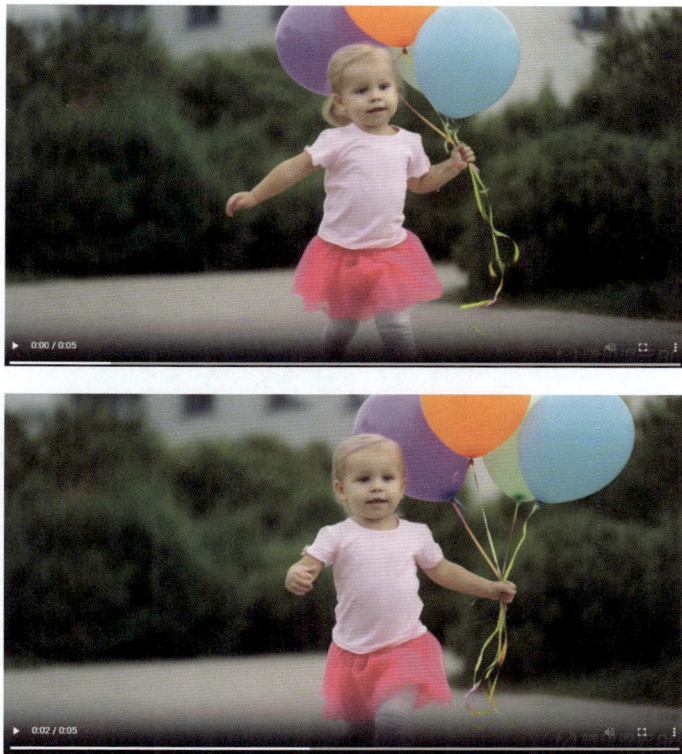

图 11-15

11.3　图生视频功能

在创作短视频的过程中，有时候会看到一些非常有表现力的静态图片，但仅仅以图片的形式展示，似乎总觉得缺了点什么。腾讯混元AI视频的"图生视频"功能，为这些静态的图片赋予了新的生命，让它们能够以动态视频的形式呈现。

11.3.1　图生视频：大笑的女孩

腾讯混元AI视频的"图生视频"功能为创作者们带来了一种全新的创作视角。这个功能允许用户上传一张静态图片，然后通过输入一段简洁的文字描述，告诉系统希望画面如何运动、镜头如何调度等信息，腾讯混元AI视频就能将这张静态图片转化为一段5秒的动态短视频，并自动为其配上贴合场景的背景音效。

在使用"图生视频"功能时，首先要上传一张自己满意的图片。这张图片可以是拍摄的风景照、人物写真，也可以是从网络上收集的素材，只要符合平台规定的格式和尺寸要求即可。上传完成后，在提示词文本框中输入对视频动态效果的描述，也就是告诉腾讯混元AI视频希望图片中的元素如何运动、镜头如何变化。

下面制作一段女孩大笑的AI视频，具体步骤如下。

（1）打开浏览器，在地址栏输入腾讯混元AI视频官网地址，单击官网链接进入官网页面，在"AI创作"页面单击"图生视频"按钮，如图11-16所示。

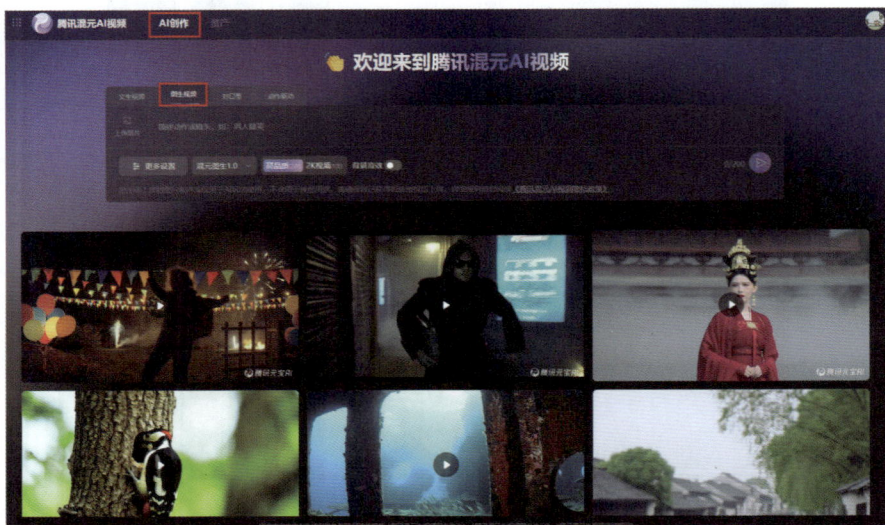

图11-16

（2）选择一张清晰的女孩照片，可以是她微笑的瞬间，上传至平台。确保图片符合格式和尺寸要求，如图11-17所示。

（3）在文本框中输入"女孩大笑"，单击"更多设置"按钮，开启"Prompt增强"功能，设置画质为"高品质"，如图11-18所示。

（4）单击 ▶ 按钮生成视频，如图11-19所示。

图11-17

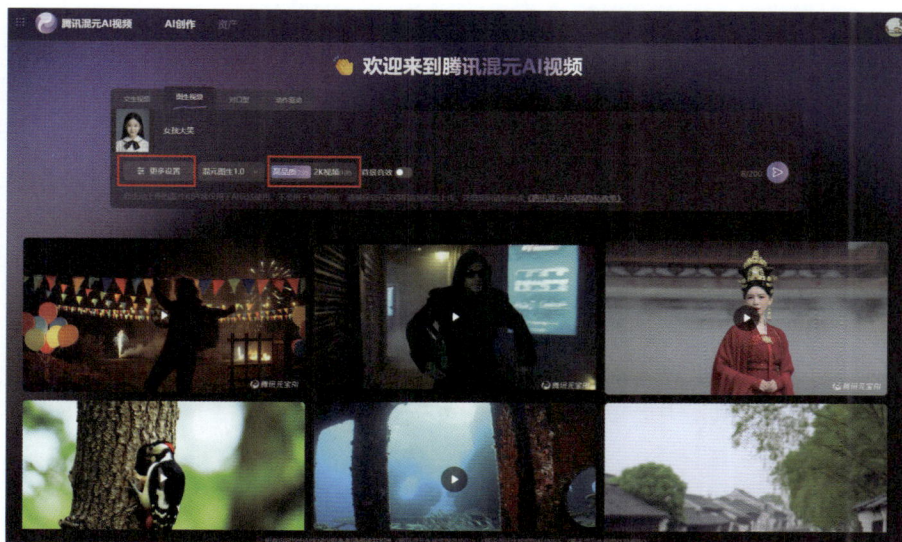

图 11-18

图 11-19

11.3.2 对口型：女孩汇报天气预报、唱儿歌视频

腾讯混元AI视频的"对口型"功能是一个极具趣味性和实用性的创新工具，它能够赋予静态人物肖像以生命力，让画面中的人物"开口说话"或"唱歌"。使用这一功能时，用户只需上传一张人物图片，然后输入希望人物表达的文字内容，或者直接上传一段音频文件，腾讯混元AI视频便能通过先进的算法，精准驱动人物的口型，使其与输入的声音或文字完美同步，仿佛图片中的人物真的在表达这些内容。

有两种方式来实现人物的"开口说话"。

1. 文本朗读：女孩汇报天气预报

一种是文本朗读，用户直接输入希望人物说出的文字内容，腾讯混元AI视频会利用先进的语音合成技术，将文字转化为自然流畅的语音，并根据语音的节奏和语调，精准地驱动图片中人物口型的变化，使其仿佛在真实地说出这些话语。

下面利用"文本朗读"功能制作一段视频，具体步骤如下。

（1）打开浏览器，在地址栏输入腾讯混元AI视频官网地址，单击官网链接进入官网页面，在"AI创作"页面单击"对口型"按钮，选择"文本朗读"选项，如图11-20所示。

图11-20

（2）准备一张清晰的人物照片，上传至平台，确保图片符合格式和尺寸要求，如图11-21所示。

（3）在文本框中输入"今日多云转阴，局部有阵雨，气温15℃～24℃。早晚温差较大，注意适时增减衣物，出行请备伞防雨"，将音色设置为"温柔静静"，语速为"1×"，如图11-22所示。

（4）单击 ▷ 按钮生成视频，视频画面截图如图11-23所示。

图 11-21

图 11-22

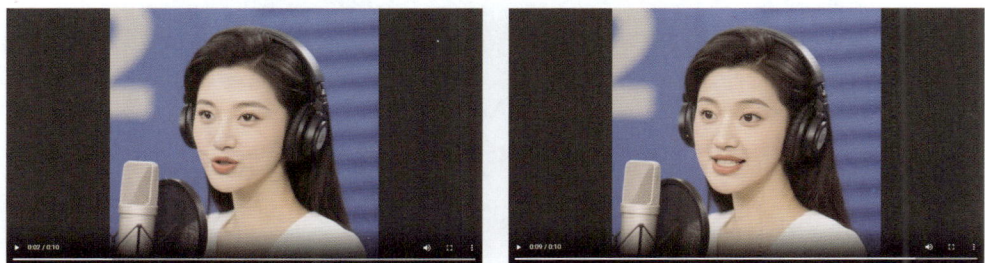

图 11-23

201

2. 上传音频：女孩唱儿歌

另一种方式是上传音频，用户上传一段音频文件，比如一段音乐、一段电影台词或者自己录制的声音片段。模型会分析音频的内容和节奏，同样实现人物口型与音频的完美同步，让人物"唱起歌"或者"说出台词"。

下面利用"上传音频"功能制作一段视频，具体步骤如下。

（1）打开浏览器，在地址栏输入腾讯混元AI视频官网地址，单击官网链接进入官网页面，在"AI创作"页面单击"对口型"按钮，选择"上传音频"选项，如图11-24所示。

图11-24

（2）上传一张正脸人像照片和一段时长在10s内的音频，如图11-25所示。

图11-25

（3）单击 ▶ 按钮生成视频，视频画面截图如图11-26所示。

图 11-26

11.3.3　动作驱动：动漫少女跳舞

若想使用"动作驱动"功能，先上传一张包含人物的图片，人物的姿势尽量清晰、明显，这样有助于腾讯混元AI视频更好地识别和匹配动作。上传成功后，在操作界面中可以看到多个预设的舞蹈动作模板，如流行舞蹈动作、古典舞蹈动作、街舞动作等。用户只需根据自己的喜好和视频风格，选择一个合适的动作模板，单击生成按钮即可。腾讯混元AI视频会根据用户所选的动作模板，对图片中的人物进行动作合成，生成一段人物随着音乐翩翩起舞的视频。在生成过程中，它会自动调整人物的身体姿态、肢体动作，使其与舞蹈动作模板相匹配，并且还会添加合适的音乐和背景特效，让整个舞蹈视频更加精彩、专业。

下面使用"动作驱动"功能制作一段动漫少女跳舞的AI视频，具体步骤如下。

（1）打开浏览器，在地址栏输入腾讯混元AI视频官网地址，单击官网链接进入官网页面，在"AI创作"页面单击"动作驱动"按钮，如图11-27所示。

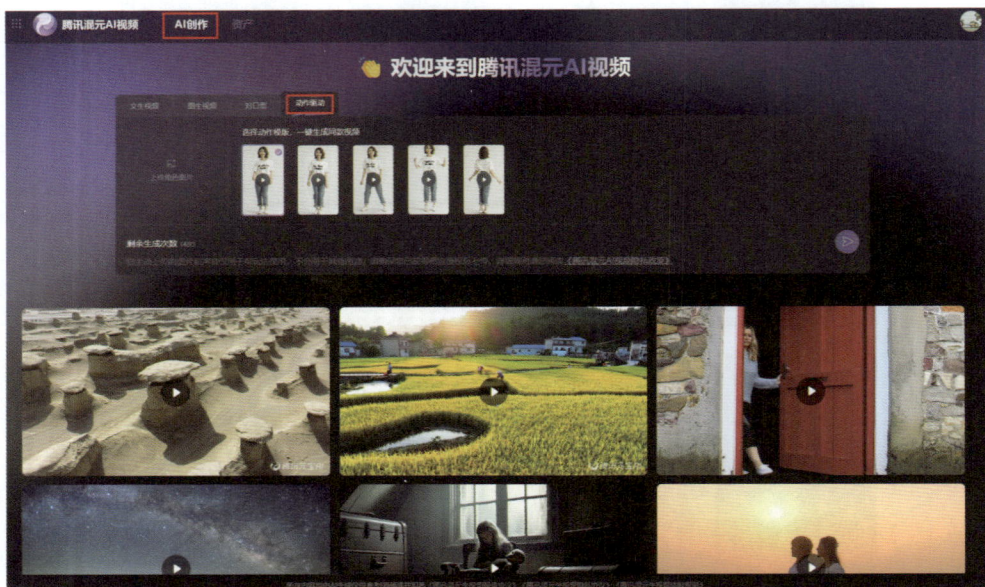

图 11-27

（2）准备一张包含人物的图片，确保人物清晰且明显。这一步至关重要，因为清晰的姿势有助于AI更精准地识别和匹配动作。用户可以选择一张动漫少女的图片，比如她站立或微微摆动的姿态，确保画面简洁且主体突出，如图11-28所示。

（3）在右侧选择一个喜欢的动作模板，如图11-29所示。

（4）单击▷按钮生成视频，视频画面截图如图11-30所示。

图 11-28

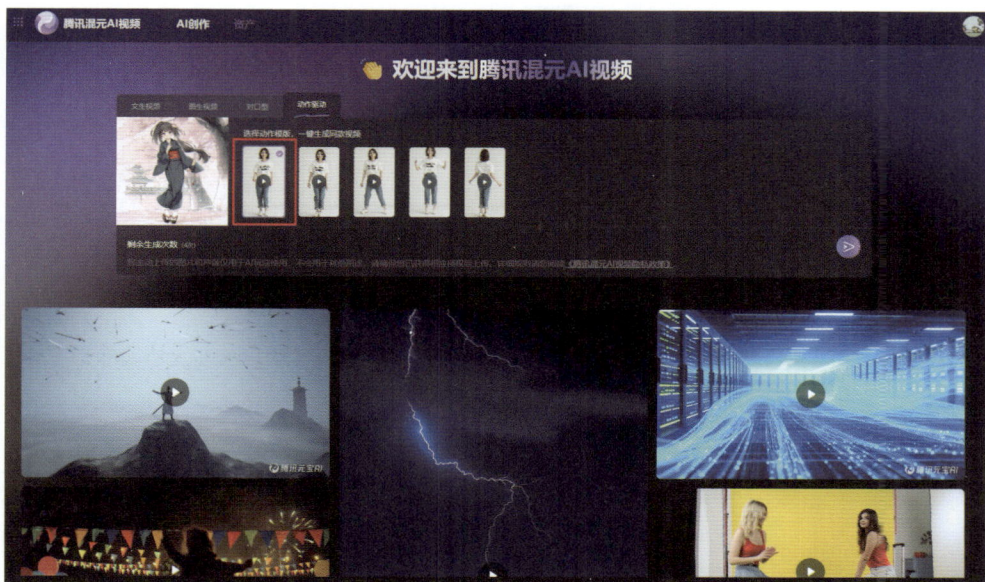

图 11-29

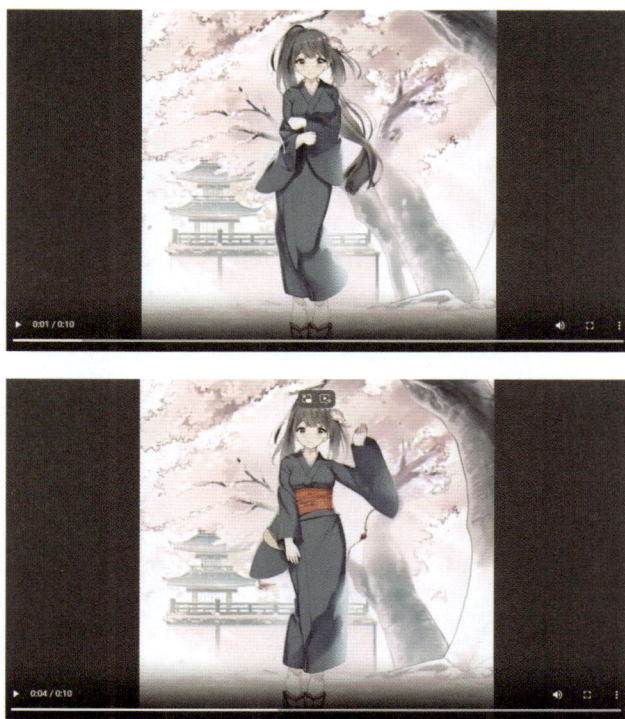

图 11-30